AF452372

CONSIDÉRATIONS GÉNÉRALES

SUR

LA GÉOLOGIE DU MASSIF JURASSIEN

CONSIDÉRATIONS GÉNÉRALES

SUR LA

GÉOLOGIE DU MASSIF JURASSIEN

PAR

Alexandre VÉZIAN

DOYEN HONORAIRE DE LA FACULTÉ DES SCIENCES DE BESANÇON

———×———

BESANÇON

IMPRIMERIE DODIVERS ET Cⁱᵉ, GRANDE-RUE, 87

1893

TABLE

PREMIÈRE PARTIE.

Vue d'ensemble sur le Jura ; ses caractères distinctifs comme massif montagneux et comme région naturelle.

DEUXIÈME PARTIE.

Constitution géognostique du Jura ; considérations géogéniques.

Chapitre premier. — Terrains antérieurs à la formation jurassique.
Chapitre II. — Terrain jurassique.
Chapitre III. — Terrains postérieurs à la formation jurassique.

TROISIÈME PARTIE.

Constitution stratigraphique et topographique du Jura.

Chapitre premier. — Stratigraphie générale ; les failles et les soulèvements en voûte.
Chapitre II. — Topographie, hydrographie, influence des agents extérieurs sur le relief du sol.

QUATRIÈME PARTIE.

Histoire géologique du Jura ; le massif jurassien pendant les périodes tertiaire et quaternaire.

LA GÉOLOGIE DU MASSIF JURASSIEN

PREMIÈRE PARTIE

VUE D'ENSEMBLE SUR LE JURA ; SES CARACTÈRES
DISTINCTIFS COMME MASSIF MONTAGNEUX ET COMME
RÉGION NATURELLE.

Limites du Jura ; le bassin jurassien. — Le Jura se distingue très nettement des régions qui l'entourent. Le voyageur qui s'éloigne de l'Alsace, de la Suisse ou de la plaine bressane pour pénétrer dans le massif jurassien, voit tout à coup des changements se produire autour de lui et affecter l'allure des strates, la composition pétrographique du sol, la configuration du pays, l'aspect de la végétation et même quelquefois le caractère des habitants. Et comme ces changements coïncident avec ceux qui se manifestent dans la nature des terrains, il en résulte qu'on peut tracer facilement sur une carte les lignes qui séparent le Jura des contrées voisines. Ces lignes ne sont autres que celles qui se placent entre le terrain jurassique de ce massif montagneux et les divers terrains des régions environnantes, les uns plus anciens, les autres plus récents que la formation jurassique.

Sur les points où le terrain jurassique ne subit aucune interruption, réelle ou apparente, les lignes délimitatives du Jura sont fournies par les cours d'eau. Vers le nord-ouest, ont agi de la même manière et à la même époque dans les Alpes. Elles ont eu dans le massif alpin leur maximum d'énergie, mais non leur centre d'action. Elles se sont propagées au travers non de l'écorce terrestre, mais de la pyrosphère. Il s'est produit dans la zone pyrosphérique une activité, une agitation qui s'est transmise vers les régions voisines, comme une onde gigantesque dont l'amplitude allait en diminuant.

Deux théories orogéniques, diversement formulées et diversement comprises, se trouvent en présence. L'une de ces théories, celle qui est actuellement en faveur, à tort, selon nous, voit dans l'édification des chaînes de montagnes, la conséquence de la manière dont s'opérerait le refroidissement du globe. La masse intérieure, en se refroidissant de plus en plus, se contracterait et prendrait un volume de plus en plus faible. L'écorce terrestre, déjà solidifiée et ne pouvant se contracter à son tour, serait obligée, pour s'adapter à la masse interne et la suivre dans son mouvement centripète, de se plisser comme le ferait un vêtement trop ample sur le corps qu'il recouvre. Les parties saillantes du vêtement deviendraient les chaînes de montagnes, les parties rentrantes deviendraient les vallées. Cette théorie ne tient aucun compte des forces souterraines qui, au contraire, jouent le rôle principal dans la théorie opposée.

Celle-ci a pour base essentielle la notion de la force d'expansion emmagasinée dans l'intérieur du globe, notion qui se déduit elle-même de l'opinion généralement admise au sujet des transformations successives de notre planète pendant son évolution sidérale. C'est cette force d'expansion qui est la cause et (si nous faisons abstraction pour un instant de la pesanteur) la seule cause de tous les mouvements qui se manifestent dans l'intérieur et à la surface de l'enveloppe solide du globe.

C'est cette dernière hypothèse que nous mettrons en œuvre en expliquant le mode de formation non seulement

du Jura, mais aussi des soulèvements en voûte et des ploiements qui accidentent sa surface. Il ne saurait entrer
dans notre pensée d'exposer ici les diverses opinions émises
relativement à l'origine des montagnes et à l'influence que
l'on a supposé avoir été exercée par le massif alpin sur le
Jura. Les limites et le caractère de cette Notice ne nous
le permettraient pas ; il nous suffira de dire comment les
choses se sont passées ou nous paraissent s'être passées.

Le Jura est un plateau ; son orographie générale. — Les
caractères distinctifs du Jura, au point de vue orographique,
dépendent de la manière dont son soulèvement s'est opéré.
Essayons d'abord de nous rendre compte des diverses circonstances qui, dans la plupart des cas, ont accompagné la
formation d'une chaîne de montagnes, telle que celle des
Pyrénées.

Dans cette recherche, nous prendrons pour point de départ cette hypothèse toute naturelle : c'est qu'une chaîne de
montagnes est la conséquence d'une impulsion ayant son
point de départ dans l'intérieur du globe, dirigée de bas en
haut et se manifestant le long d'une ligne droite plus ou
moins étendue. Une chaîne de montagnes ainsi formée présente plusieurs axes : 1º Un *axe de soulèvement* ou ligne le
long de laquelle l'action dynamique, cause du surgisse-
ment de la chaîne, a fonctionné ou a présenté son maximum
d'énergie ; 2º un *axe éruptif*, rattachant entre elles les
masses éruptives que cette action dynamique a poussées à la
surface du globe ; 3º un *axe stratigraphique*, coïncidant
avec la ligne médiane vers laquelle les strates soulevées se
redressent de part et d'autre en se coordonnant par rapport
à cet axe et en prenant une disposition semblable à celle des
deux côtés d'un toit ; 4º un *axe géognostique*, mis en évi-
dence par les zones que les divers terrains dessinent en se
disposant entre eux par rapport à cet axe. On voit alors les
terrains les plus anciens occuper le centre de la région

montagneuse et les autres terrains se succéder suivant un ordre déterminé par leur âge.

Presque tous les massifs montagneux résultent du groupement de plusieurs chaînes de montagnes dont chacune s'est formée dans les conditions que nous venons d'indiquer; ces chaînes se distinguent les unes des autres par leur direction et l'époque de leur formation.

L'idée de la structure d'un massif montagneux, telle que nous venons de l'exprimer, est, avant tout, une conception théorique qui, quelquefois, ne se trouve réalisée que dans une certaine mesure. Il en résulte que les chaînes de montagnes et les massifs montagneux, bien que possédant dans leur structure des traits généraux communs, diffèrent sous divers rapports, de sorte que l'unité de plan ne s'oppose pas à la variété infinie des détails. Mais, quelles que soient les variations que l'on fasse subir à l'hypothèse que nous venons de mettre en œuvre, elle ne saurait s'appliquer au Jura. Celui-ci a été porté à l'altitude où il se trouve en vertu d'un mouvement d'ensemble pendant lequel les strates ont tendu à conserver leur situation relative, leur parallélisme et, peut-être aussi, leur horizontalité primitive. Les forces intérieures ne s'y sont pas manifestées le long d'une ligne droite ou courbe; elles ont fonctionné à peu près partout avec la même énergie, et c'est ainsi que le Jura a pris, dans son ensemble, la forme d'un plateau.

Par suite de la manière dont s'est effectué son soulèvement, le Jura est dépourvu des divers axes dont nous venons de faire l'énumération. Il n'a pas d'axe principal de soulèvement; il n'a pas d'axe éruptif, ni même de roches éruptives; il n'a pas non plus d'axe géognostique proprement dit, bien que les terrains semblent se disposer de l'ouest vers l'est d'après leur âge, en commençant par les plus anciens. Enfin, un autre caractère inhérent au Jura et dépendant de son mode de formation, c'est l'absence complète d'axe stratigraphique. Les strates varient beaucoup d'un

point à un autre quant à leur direction et à leur inclinaison ;
mais elles ne se coordonnent nullement par rapport à une
ligne médiane ou non ; leurs nombreuses inflexions, quelque prononcées qu'elles soient, ne constituent que des accidents locaux.

**Axes secondaires ; absence d'axes transversaux ; aspect
du Jura comparé à celui du massif alpin.** — Par suite du
mode de groupement des chaînes dont se compose un même
massif montagneux, celui-ci possède, outre un axe principal
de soulèvement, des axes secondaires correspondant à ces
diverses chaînes. On constate bien dans le Jura l'existence
d'axes de second ordre coïncidant soit avec les failles, soit
avec les soulèvements en voûte ; mais il s'en faut de beaucoup qu'ils jouent, dans la constitution orographique du
Jura, le même rôle que les axes secondaires auxquels il
vient d'être fait allusion.

L'étude d'une chaîne de montagnes ou d'un massif montagneux conduit à distinguer, dans leur structure, outre
l'axe principal et les axes secondaires, des axes que nous
appellerions volontiers des axes de troisième ordre. Ces
axes correspondent aux chaînons transversaux placés latéralement et normalement par rapport à une même chaîne.
Pour achever de les caractériser, disons qu'ils impriment
leur direction aux cours d'eau prenant naissance dans la
chaîne ou le massif auquel ils appartiennent. C'est ainsi
que les rivières ayant leur origine dans les Pyrénées tendent
à suivre une direction perpendiculaire à celle de cette
chaîne ; on peut constater ce fait, sur le versant français,
pour l'Ariège, la Garonne, le Gers, l'Adour. Cette disposition s'explique parfaitement lorsqu'on tient compte de l'influence exercée par les chaînons transversaux, mais aussi
lorsqu'on se rappelle la forme générale du massif pyrénéen,
forme qui permet de comparer ses deux versants aux deux
côtés d'un toit.

Dans le Jura, il n'y a ni chaînons transversaux, ni tendance à se disposer en double pente. Il y a accord, sous le rapport de la direction, entre les systèmes hydrographique et orographique.

Le parallélisme existant entre la direction générale du Jura et celle des soulèvements en voûte de sa zone orientale, la manière dont ces soulèvements se soudent les uns aux autres, l'absence de chaînons transversaux, la disposition du Jura en plateau sont autant de circonstances qui s'opposent à ce que ce massif montagneux possède, comme les Alpes et les Pyrénées, des cols ou défilés permettant un passage facile de l'un à l'autre versant.

L'observateur, convenablement placé au milieu de la plaine helvétique, lorsqu'il porte successivement son regard vers les Alpes et le Jura, remarque une opposition complète dans l'aspect de ces deux massifs montagneux. Pendant que les Alpes montrent leurs crêtes dentelées et leurs cîmes aiguës couvertes de neiges perpétuelles, le Jura se profile à l'horizon comme une gigantesque muraille bleuâtre dessinant une ligne droite et continue.

Ce contraste résume, en quelque sorte, les circonstances qui ont présidé à l'édification de ces deux massifs montagneux. Les Alpes sont le résultat d'impulsions successives, s'étant manifestées dans des conditions différentes, tantôt sur un point, tantôt sur un autre, et n'ayant pas eu toujours la même énergie. Ces impulsions se sont produites à divers intervalles, depuis le commencement des temps géologiques jusqu'à l'époque actuelle.

L'histoire orogénique du Jura est bien plus simple ; elle ne commence que vers la fin de la période éocène et se termine avec la période miocène. Pendant ce court intervalle, le Jura a subi deux impulsions successives qui ont agi de manière à lui imprimer sa configuration actuelle. De ces deux impulsions, la première s'est produite un peu avant la fin de la période éocène, l'autre date du commencement de la période pliocène.

Constitution pétrographique du Jura; conséquences. —
Parmi les divers caractères du Jura considéré comme région naturelle, il en est sur lesquels les limites de cette Notice ne nous permettent pas de porter notre attention : son climat, sa végétation, le régime de ses cours d'eau, l'aspect de ses lacs. Tout ce qui se rattache à la configuration du sol et aux lignes du paysage trouvera sa place dans un des chapitres suivants. Il nous suffira, quant à présent, d'énumérer les caractères qui résultent pour le Jura de sa constitution pétrographique.

Au point de vue pétrographique, il est facile de signaler un contraste complet entre le Jura et les massifs montagneux qui l'environnent. Dans les roches jurassiennes, il y a prédominance du carbonate de chaux qui intervient tantôt pour former les calcaires, tantôt pour se mélanger aux argiles et les faire passer à l'état de marnes. Dans les autres massifs montagneux, les Alpes, la Forêt Noire, les Vosges, le Morvan, c'est, au contraire, l'élément siliceux ou silicaté qui domine.

Le Jura se distingue encore non seulement des pays à sol siliceux, mais aussi de certaines contrées comme lui à sol calcaire par quelques particularités de sa constitution pétrographique. Il est totalement dépourvu de roches dolomitiques, tandis que ces roches sont très répandues dans le terrain jurassique du midi de la France, de l'Algérie et du Tyrol, où, sous l'influence des agents atmosphériques, elles prennent ces formes bizarres qui rendent si pittoresques les régions où elles se trouvent.

Un autre caractère du Jura, inhérent à sa constitution calcaire, provient de sa structure caverneuse. La surface du Jura est comparable à un crible et sa masse à une éponge imbibée d'eau. Ainsi que nous le verrons par la suite, cette structure du massif jurassien réagit sur sa constitution topographique et sur son régime hydrographique souterrain et superficiel.

La différence entre le Jura et les autres contrées qui n'ont pas la même constitution pétrographique, est d'autant plus sensible que cette constitution exerce son influence non seulement sur la configuration du sol, sa structure interne et son régime hydrographique, comme nous venons de le dire, mais aussi sur l'aspect du tapis végétal ; on connaît, en effet, l'opposition si tranchée entre la végétation des pays à sol siliceux et celle des pays à sol calcaire.

Mentionnons enfin un dernier caractère, celui qui est fourni par les alternances d'assises marneuses et d'assises calcaires qui se succèdent sans interruption depuis le lias jusqu'au terrain néocomien. Nous verrons toute l'importance que présentent ces alternances d'horizons géognostiques, les uns marneux, les autres calcaires. A quelles causes faut-il les attribuer ? Nous voyons en elles la conséquence de changements successivement apportés dans les climats, ainsi que nous aurons l'occasion de le montrer. On a ainsi un exemple qui atteste, comme la formation de la houille quoique à un moindre degré, l'influence que des phénomènes géologiques, accomplis à des époques excessivement éloignées, sont susceptibles d'exercer sur l'état de choses de l'époque actuelle.

Division du Jura en trois zones — Le Jura, lorsqu'on le considère dans son ensemble, offre une certaine uniformité d'aspect provenant de ce que ce sont les mêmes terrains et surtout les mêmes roches qui apparaissent à la surface du sol. Pourtant cette uniformité ne va pas jusqu'à la monotonie. Les différences de latitude et, encore mieux, celles d'altitude amènent, dans le climat et la végétation, des changements que l'on constate à mesure que l'on s'élève de la zone des vignobles à celle des sapins. A ces changements s'en ajoutent d'autres que nous allons indiquer en montrant que le Jura, au point de vue géologique, est divisible en trois zones : 1° la *zone orientale* ou zone des ploiements et des soulèvements en voûte du deuxième type ; 2° la *zone centrale* ou zone des plateaux ; 3° la *zone nord-occidentale* ou zone des failles et des soulèvements en voûte du premier type.

C'est à la zone orientale qu'on applique communément la désignation de « chaîne du Jura ». Dans cette zone l'altitude est bien plus grande que dans les deux autres ; c'est là que se trouvent les points culminants et tous les hauts sommets. Les failles sont peu nombreuses, faiblement dénivelées. Les soulèvements en voûte, au contraire, atteignent un grand développement et sont très multipliés ; ils appartiennent tous au second type. En se plaçant les uns à côté des autres, ils forment un faisceau à éléments parallèles ; leur ensemble constitue un puissant bourrelet montagneux qui accompagne le bord oriental du Jura. En alternant avec les combes et les vals qui les séparent les uns des autres, ils impriment au relief du sol et à la stratification une allure ondulée qui est le principal caractère du haut Jura. En voyant ces ploiements de strates et leurs ondulations répétées, on comprend comment l'idée de la formation des soulèvements en voûte à la suite d'impulsions latérales a pu venir à l'esprit de bien des géologues.

Les terrains sont moins anciens dans la zone orientale que dans les deux autres. Excepté dans le Jura bernois, il n'y a pas de lias et peu d'oolite inférieure, du moins à la surface du sol ; l'oolite supérieure et le terrain néocomien prédominent ; çà et là apparaissent des lambeaux de terrain tertiaire de plus en plus nombreux à mesure que l'on se rapproche de l'extrémité nord-est du massif jurassien.

La zone centrale est séparée de la précédente par une ligne qui, partant des environs de Quirieu (Isère), passe approximativement par Nantua, Pontarlier, et va aboutir aux environs de Porrentruy. Le caractère essentiel de cette zone consiste dans sa disposition en plateaux séparés les uns des autres par des vallées et des failles. On n'y observe que des soulèvements en voûte assez rares et à peine ébauchés ;

quant aux failles, elles n'ont d'abord qu'un faible relief, mais elles deviennent plus nombreuses et plus importantes à mesure que l'on se rapproche du bord occidental du Jura. L'altitude est bien moindre que dans la zone orientale et ne dépasse que rarement 800 mètres. Les terrains sont plus anciens; l'oolite inférieure et l'oolite moyenne prennent une grande extension ; le terrain crétacé existe encore, mais par lambeaux disséminés ; il y a absence de terrain tertiaire.

Le caractère essentiel de la zone nord-occidentale est fourni par les failles qui s'y montrent très nombreuses, très développées dans le sens horizontal et fortement dénivelées. Ce caractère résulte encore de l'existence de soulèvements en voûte qui appartiennent au premier type et n'ont nullement l'allure et le mode de formation de ceux de la zone orientale. Ils sont plus ou moins isolés, ils ne se placent jamais les uns à la suite ou à côté des autres, et, chose importante à signaler, lorsqu'ils rencontrent une grande faille, ils l'accompagnent dans son trajet en donnant naissance à un accident stratigraphique particulier que nous décrirons sous le nom de « soulèvement hémiédrique ».

L'altitude moyenne de la zone nord-occidentale est moins forte que celle de la zone centrale ; sur les limites du Jura, l'altitude descend au niveau des plaines voisines. Le sol ne présente pas la disposition en plateau ou, du moins, quand des plateaux apparaissent, leur surface est fortement accidentée, soit par les failles et les soulèvements en voûte, soit par les agents d'érosion souterraine ou superficielle, soit, enfin, par la manière dont se sont effectués les mouvements du sol sous l'influence des forces intérieures.

Les terrains, dans la zone nord-occidentale, sont plus anciens que dans la zone des plateaux. On y constate l'existence de nombreux pointements keupériens ; le lias, surtout dans le voisinage des failles, y occupe des surfaces très étendues ; l'oolite inférieure et l'oolite moyenne jouent également un rôle très important dans la constitution géognostique du pays. Mais l'oolite supérieure y est très réduite ; le terrain crétacé n'est représenté que par trois lambeaux ou gisements peu importants ; quant au terrain tertiaire, il manque complètement.

L'émergement définitif de la zone occidentale date de la fin de la période crétacée et son soulèvement de la fin de la période éocène. La zone orientale, au contraire, a été recouverte par les eaux marines ou lacustres presque sans interruption jusqu'à la fin de la période miocène. Tandis que, dans la zone orientale, le Jura se trouvait à l'abri des agents d'érosion, et acquérait de nouveaux terrains qui venaient s'ajouter à la masse antérieurement déposée, dans la zone occidentale, il était soumis, d'une manière continue, à des phénomènes de dénudation fonctionnant avec une grande énergie. Ainsi s'explique le contraste que nous avons signalé, sous le rapport de leur constitution géognostique, entre la zone orientale du Jura et les deux autres zones dont il se compose.

La zone nord-occidentale n'accompagne pas la zone centrale dans toute son étendue, comme celle-ci le fait par rapport à la zone orientale ; vers le sud, elle ne se prolonge pas au delà de Lons-le-Saunier ; vers l'ouest, elle ne dépasse pas les environs de Rougemont.

Jusqu'à présent nous avions adopté la division du Jura en deux zones : l'une orientale, l'autre occidentale. Cette division n'est pas incompatible avec celle que nous proposons aujourd'hui. Nous continuons à désigner sous le nom de zone occidentale toute la partie du Jura qui se développe à l'ouest de la région des hauts sommets et des ploiements ; cette zone occidentale nous la divisons en deux parties que nous distinguons sous les noms l'une de Jura central et l'autre de Jura nord-occidental.

DEUXIÈME PARTIE

CONSTITUTION GÉOGNOSTIQUE DU JURA.
CONSIDÉRATIONS GÉOGÉNIQUES.

CHAPITRE PREMIER

TERRAINS ANTÉRIEURS A LA FORMATION JURASSIQUE.

Considérations préliminaires. — On constate, dans le Jura, l'absence complète de roches éruptives, plutoniques ou volcaniques. Cette absence, qui concorde avec celle des sources thermales, peut surprendre lorsque l'on tient compte de l'énergie des actions dynamiques qui, pendant les périodes éocène et miocène, se sont exercées sur le Jura. Mais cet étonnement cesse lorsqu'on se rappelle qu'aux époques où ces actions se manifestaient, les phénomènes éruptifs qui ont amené les roches d'origine hydro-thermale, telles que les granites et les porphyres, avaient cessé de fonctionner non seulement dans les parties voisines du Jura, mais aussi sur toute la surface du globe. Cette absence de roches plutoniques dans le massif jurassien est donc en relation avec la date relativement récente de son soulèvement. Quant aux roches volcaniques, on ignore encore les causes qui président à leur répartition. Quoi qu'il en soit, nous devons compter l'absence des roches éruptives et celle du terrain primitif au nombre des caractères distinctifs de la constitution géognostique du Jura. Sans doute, le terrain primitif, qui forme le substratum général de la zone stratifiée, existe bien au-dessous du Jura comme partout ailleurs, mais il est complètement caché par les dépôts sédimentaires ; nulle part les actions dynamiques, qui ont donné naissance aux soulèvements en voûte et ont déterminé la dénivellation des failles, n'ont agi avec assez d'énergie pour amener à jour le granite fondamental.

Les terrains qui constituent la masse du Jura appartiennent donc exclusivement à la partie de l'écorce terrestre désignée sous le nom de zone stratifiée ; leur ensemble se divise en trois parties superposées jouant chacune un rôle distinct dans la constitution géognostique du massif jurassien. La partie inférieure comprend les terrains antérieurs à la série jurassique. La partie moyenne correspond au terrain jurassique qui, à lui seul, forme presque toute la masse du Jura. Enfin la partie supérieure se compose de toutes les formations postérieures au terrain jurassique, c'est-à-dire le terrain crétacé, le terrain tertiaire et les formations tout à fait superficielles datant de la période quaternaire et de l'époque actuelle.

Terrain paléozoïque ; trias. — De tous les terrains antérieurs à la formation jurassique, le plus important est le *trias* qui, après avoir formé une nappe continue au-dessous du Jura, pénètre dans les massifs montagneux dont le bassin jurassien est entouré. Il supporte directement le terrain jurassique et il est immédiatement superposé au granite primitif, excepté 1º dans le voisinage des Vosges où le terrain *trilobitique* (cumbrien, silurien, dévonien et carbonifère) se place entre le granite et le trias ; 2º dans le Jura nord-occidental, où le terrain *permien* (nouveau grès rouge), s'interpose également entre ces mêmes terrains. Pour achever de donner une idée de la composition du substratum du terrain jurassique, ajoutons qu'il comprend très probablement, çà et là, des gisements de houille surtout dans la partie du Jura comprise dans la zone morvando-vosgienne.

Pendant toute la durée de la période paléozoïque, le Jura a constitué, avec le plateau central et presque toute la région des Alpes, une terre émergée à sol granitique. Dès le commencement de la période triasique, les eaux océaniennes, qui avaient commencé à effectuer leur retour pendant la période permienne, ont envahi non seulement ce qui devait être bientôt le bassin jurassien, mais aussi tout l'est de la France.

Dans le Wurtemberg, qui, jusqu'à présent, a été la terre classique pour l'étude du trias, ce terrain se divise en trois groupes : deux groupes constitués par des roches détritiques, le *grès bigarré* et le *keuper*, séparés par un groupe calcaire, le *muschelkalk*. En Angleterre, le muschelkalk disparaît et le trias ne forme plus qu'un ensemble ne comprenant que des roches détritiques. Dans le massif alpin, au contraire, le trias s'accroit d'un quatrième terme, de nature calcaire, qui a pour types le *calcaire de Saint-Cassian* et les *couches de Halldstadt*. C'est la disposition ternaire que le trias doit avoir dans le Jura ; si le quatrième du trias y est représenté, c'est d'une manière rudimentaire.

Nulle part le terrain bigarré n'apparaît au jour dans le Jura. Le muschelkalk ne s'y montre que sur deux points : à Chazelot, près de Rougemont (Doubs), et au Rohtiflueh, dans le Jura bernois. Quant au keuper, il forme des pointements dans la partie nord-occidentale et septentrionale du Jura.

Keuper ; gisements salifères. — Le keuper se divise en deux groupes. Le groupe inférieur, dont la puissance varie de 80 à 100 mètres, n'existe à découvert que sur deux points : à Laffenet, au pied du mont Poupet, et aux Nans-sous-Gardebois (Jura). Il se compose d'argiles salifères, mélangées de petits lits de calcaire dolomitique et de gypse ; vers la partie inférieure, des bancs puissants et nombreux de sel gemme alternent avec les argiles salifères. Le groupe supérieur, dont la puissance est de 120 mètres, est caractérisé par l'absence du sel gemme et l'abondance du gypse.

Le produit le plus remarquable de l'action geysérienne pendant la période triasique a été la formation d'une nappe salifère exploitée d'une manière de plus en plus active dans la partie occidentale des départements du Jura et du Doubs. Quelle est l'extension de la nappe salifère de Franche-Comté ? Vers l'ouest, elle ne doit pas se prolonger bien loin, car rien n'indique sa présence à la Serre. En Suisse, les bancs salifères atteints par les sondages en Argovie et dans le canton de Delle appartiennent au muschelkalk. Du côté du sud, la zone salifère du keuper va jusqu'à Bex, canton de Vaud, où le sel est exploité depuis si longtemps. Elle pénètre également dans les Alpes dauphinoises, car les assises qui s'y rattachent au keuper renferment des amas de sel gemme exploités dans la Tarentaise.

Cette puissante nappe de sel gemme correspond, selon nous, à la partie la plus profonde de la mer qui, pendant l'époque du keuper, occupait le bassin jurassien. La masse des eaux, dans cette mer, comme dans les mers de toutes les époques et de tous les pays, se divisait en deux zones superposées : l'une, superficielle, où les eaux étaient sans cesse agitées par les courants, les vagues et les marées ; l'autre, inférieure, où régnait un calme complet. C'est dans cette zone profonde que s'est effectué le dépôt du sel gemme ; sur les points où, par suite de la faible profondeur des eaux, la zone agitée existait seule, le chlorure de sodium apporté par les émanations geysériennes était entraîné au loin et allait s'ajouter à celui déjà dissous dans la masse liquide.

Le groupe supérieur du keuper se compose des bancs de dolomie alternant avec des argiles et des amas de gypse. Il se divise en trois assises. La première assise est caractérisée et se termine par un ou deux lits de lignite dont l'épaisseur totale ne dépasse pas 1^{m}50 ; ce lignite, quelquefois désigné à tort sous le nom de « houille du keuper » est remarquable par sa constance. L'assise moyenne est caractérisée par des argiles gypseuses, d'un rouge lie de vin, et se termine par des amas de gypse exploités. La troisième assise comprend les marnes irisées supérieures ou argiles à reptiles, Ces argiles sont le dernier terme de la série triasique ; elles correspondent probablement au quatrième étage de cette série dont elles constituent le représentant rudimentaire dans le Jura.

CHAPITRE II

TERRAIN JURASSIQUE

Classification du terrain jurassique ; sa division en systèmes, étages et assises. — Le tableau ci-joint résume la classification et la nomenclature qui nous paraissent le mieux s'adapter au terrain jurassique du Jura. Ce tableau montre la formation jurassique divisée en deux séries, en cinq systèmes, en seize étages et en trente-six assises. Il n'a pas été établi à un point de vue exclusivement régional ; sans cela nous aurions considéré comme étant de simples assises les étages rhétien, hettangien et kellovien qui, sur des points plus ou moins rapprochés, acquièrent une grande puissance, mais qui, dans le Jura, sont réduits à l'état rudimentaire.

Dans cette classification, nous avons maintenu les désignations qui ont pris place dans la science pour longtemps et qu'il serait bien difficile de remplacer. Quant aux expressions « étages lédonien, vésulien, mandubien et dubisien », d'autres que nous les avaient proposées, puis les ont abandonnées ; nous avons cru devoir les reprendre parce qu'elles ont le mérite d'être empruntées à des localités du Jura qui devrait être, sous bien des rapports, la terre classique pour l'étude du terrain jurassique.

On remarquera dans le tableau que le terrain oolitique inférieur est divisé en trois étages ; cette division, surtout en ce qui concerne le Jura, nous paraît préférable à celle qui est généralement adoptée et qui consiste à diviser ce terrain en deux étages, sous les noms d'étages bajocien et

bathonien. Quant à la ligne séparative des systèmes oolitique moyen et supérieur, nous rappellerons que certains
géologues la placent au-dessous du terrain corallien ; ce qui
leur fait adopter cette opinion, c'est que le terrain corallien,
dans le haut Jura, se confond, avec l'oolite supérieure en un
seul et même massif calcaire.

TERRAIN JURASSIQUE

SÉRIE OOLITIQUE.

OOLITE SUPÉRIEURE.

XVI. — Etage Dubisien ou Purbeckien.

Dépôts fluvio-marins, supra-oolitiques, du Haut Jura.

XV. — Etage Portlandien ou Virgulien.

Dolomie portlandienne.
Calcaire portlandien. — (Roches coralligènes de Vallin.
Calcaire à poissons de Cirin. Calcaire à tortues de Soleure).
Marnes à exogyres, *Exogyra virgula*.

XIV. — Etage Kimméridien ou Ptérocérien.

Calcaire kimméridien.
Marnes kimméridiennes ou à ptérocères, *Pteroceras Oceani*.

XIII. — Etage Séquanien ou Astartien.

Calcaire séquanien.
Marnes séquaniennes ou à astartes.

OOLITE MOYENNE.

XII. — Etage Corallien.

Calcaire à nérinées et à diceras.
Oolite corallienne ; roches coralligènes du Jura occidental.
Couches à *Glypticus hieroglyphicus ;* terrain à chailles
de Franche-Comté.

XI. — Etage Argovien (oxfordien calcaire).

Calcaire argovien ou oxfordien.
Marnes argoviennes ou à rognons oxfordiens, avec phola-
domyes.

X. — Etage Oxfordien (oxfordien marneux).

Marnes oxfordiennes supérieures, à ammonites pyriteuses.
Marnes oxfordiennes inférieures, à spongianes.

IX. — Etage Kellovien.

Calcaire et marnes kelloviens,
avec fer oolitique dit sous-oxfordien.

OOLITE INFÉRIEURE.

VIII. — Etage Mandubien ou Bathonien.

Dalle nacrée; calcaire et marnes du cornbrash.
Forest-Marble ou calcaire compacte à taches roses.
Grande oolite ou oolite bathonienne.

VII. — Etage Vésulien ou Bajocien supérieur.

Marnes vésuliennes supérieures, ou à *Ostrea acuminata*.
Calcaire schisto-siliceux (schistes de Stonesfield).
Marnes vésuliennes inférieures ou à spiropores (Fuller's earth),
avec calcaire à polypiers.

VI. — Etage Lédonien ou Bajocien inférieur.

Calcaire à entroques.
Oolite ferrugineuse; couches à *Pecten personatus*.

SÉRIE LIASIQUE.

LIAS PROPREMENT DIT.

V. — Etage Toarcien.

Grès superliasique, à *Ammonites opalinus*.
Marnes toarciennes, à *Ammonites bifrons*.
Schistes bitumineux à posidonies, *Posidonia Bronnii*.

IV. — Etage Liasien.

Marnes liasiennes supérieures ou à plicatules.
Marnes liasiennes moyennes ou à *Gryphæa gigantea*.
Marnes liasiennes inférieures ou à bélemnites, et à *Gryphæa Cymbium*.

III. — Etage Sinémurien.

Marnes sinémuriennes à *Gryphæa obliqua*.
Calcaire à gryphées, *Gryphæa arcuata*.

INFRALIAS.

II. — Etage Hettangien.

Couches à cardinies, *Cardinia concinna*.
Grès à *Pecten Valoniensis*; couches de Schambelen (Argovie).

I — Etage Rhétien.

Couches à *Avicula contorta*; Schistes bitumineux à posidonies.
Grès de Boisset; bone-bed.

Répartition géographique; puissance et caractères stratigraphiques. — La puissance moyenne du terrain jurassique est de 5 à 600 mètres dans le Jura occidental; elle est de 1,100 mètres environ dans le haut Jura. On voit que le terrain jurassique possède, dans la partie orientale du Jura, une puissance double de celle qu'il présente dans sa partie nord-occidentale. Les deux nombres que nous venons d'indiquer ont été obtenus en additionnant les chiffres correspondant aux divers étages de ce terrain. Mais le terrain jurassique possède une épaisseur bien moindre sur les points où un ou plusieurs étages ont disparu sous l'influence des phénomènes de dénudation; c'est ainsi qu'au nord-ouest de Besançon, le terrain jurassique, réduit au lias, n'a guère qu'une épaisseur de cent et quelques mètres.

Pourquoi le terrain jurassique a-t-il dans sa partie orientale une épaisseur plus considérable qne dans sa partie occidentale? Cette différence tient à deux causes que nous allons signaler.

Une de ces causes résulte de l'intervention des phénomènes d'érosion et d'ablation ; ceux-ci ont agi pendant plus longtemps dans le Jura nord-occidental parce que les périodes d'émergements y ont été plus longues et plus fréquentes : d'ailleurs diverses circonstances, telles que la nature marneuse des terrains, ont donné à ces phénomènes une plus grande énergie.

Une autre cause est la conséquence directe du principe en vertu duquel, à conditions égales, un terrain possède une épaisseur d'autant plus grande qu'il a été reçu dans une eau plus profonde. La mer jurassienne, pendant la période jurassique, atteignait son maximum de profondeur dans la région correspondant à la zone orientale du Jura. Cette profondeur allait en diminuant dans la direction du nord-ouest ; en même temps diminuait aussi la masse des matériaux sédimentaires déposés sur le même point. C'est dans le Jura bisontin que se trouvait le minimum de profondeur et, par conséquent, le minimum d'épaisseur des dépôts ; l'infralias des environs de Besançon va nous fournir le moyen de faire comprendre notre pensée.

L'épaisseur de l'infralias, dans le Jura nord-occidental, est souvent réduite à deux mètres, elle n'en a jamais plus de dix. Ce fait est d'autant plus intéressant à signaler qu'il contraste avec ce que l'on observe à mesure que l'on s'éloigne du Jura bisontin ; on voit alors la puissance de l'infralias aller en augmentant, devenir plus considérable en Bourgogne, atteindre 200 mètres en Lorraine et 1000 mètres dans le Tyrol. Pour expliquer cette faible épaisseur relative, on ne saurait admettre une suspension temporaire dans l'action sédimentaire, car il y a un passage insensible de l'infralias au lias et concordance de stratification entre les deux terrains. L'action sédimentaire n'a pas été suspendue pendant le dépôt de l'infralias ; elle a été ralentie par suite

du très peu de profondeur des eaux. Non seulement les dépôts qui se constituaient avaient, par suite de cette circonstance, une faible épaisseur, mais ils étaient encore soumis à
des destructions partielles et à des remaniements inces-
sants. L'infralias se montre réduit à l'état rudimentaire,
soit qu'on ait en vue chacune de ses assises, soit qu'on le
considère dans sa totalité. C'est ainsi que l'on s'explique sa
composition pétrographique très variée. Il est, en quelque
sorte, au point de vue pétrographique, un résumé, un *com-
pendium* de l'infralias des autres contrées.

L'inégalité dans la profondeur des mers successives qui
ont reçu les dépôts dont l'ensemble forme la masse du
Jura, s'est progressivement accrue pendant toute la période
jurassique. Le sol sous-marin n'a pas cessé d'obéir à un
mouvement de bascule en vertu duquel la profondeur diminuait dans la partie nord-occidentale du Jura, tandis
qu'elle augmentait dans sa partie orientale. C'est pour cela
que le système oolitique supérieur, dans le Jura oriental, a
une puissance triple et peut-être quadruple de celle qu'il
présente dans le Jura nord-occidental. Ce mouvement de
bascule, comme nous le montrerons dans les pages suivantes, a exercé une grande influence sur les caractères pétrographiques et paléontologiques des étages de la série
jurassique. Son dernier résultat a été, pendant le dépôt de
l'étage dubisien, le déplacement du rivage occidental de la
mer qui occupait le bassin jurassien. Ce rivage qui, jusqu'alors, s'était dirigé à travers les départements de la
Haute-Saône et de la Côte-d'Or, s'est trouvé reporté dans la
zone orientale du Jura ; tout ce qui se trouvait à l'ouest de
cette zone était émergé.

Toutes les assises du terrain jurassique sont en stratification concordante non seulement entre elles, mais aussi avec
la dernière assise du trias et la première assise du néocomien. Il n'existe pas non plus entre elles de discordance
d'isolement, à l'exception toutefois de celles que nous ve-

nons de rappeler en parlant de l'étage dubisien. Par conséquent, pour établir les lignes séparatives des étages de la
série jurassique, on doit se borner à tenir compte des caractères pétrographiques et paléontologiques.

**Caractères pétrographiques ; répartition des roches mar-
neuses et des roches calcaires.** — Le terrain jurassique du
Jura est caractérisé 1° par la rareté des roches d'origine
détritique, conglomérats, sables, grès ; 2° par l'abondance
des roches calcaires tantôt seules, tantôt alternant avec les
marnes.

Les calcaires jouent un rôle prépondérant dans la constitution pétrographique du terrain jurassique. Ils présentent
sous le rapport de leur aspect, de leur texture, de leur
structure, de leur coloration, de nombreuses variétés dont
il ne saurait entrer dans notre pensée de faire l'énumération.

Le carbonate de chaux n'est pas d'ailleurs le seul élément
pétrogénique, d'origine geysérienne, qui entre dans la composition des roches du terrain jurassique. Dans la longue
série que ces roches constituent, se placent, à divers intervalles, des horizons ferrugineux et des horizons siliceux. Les
premiers offrent leur maximum d'importance à la base de
l'oolite inférieure ; quant aux émissions siliceuses, c'est au
commencement de la période corallienne qu'elles ont atteint
leur maximum d'énergie. Elles ont déterminé la formation
des chailles abondamment répandues dans le corallien inférieur de Franche-Comté, elles ont en même temps apporté
la silice qui imprègne les polypiers et se montre à la surface
de certains fossiles sous forme d'orbicules siliceux.

Rappelons encore que l'action geysérienne a pris une nouvelle force et un caractère particulier pendant la période
dubisienne ; elle a donné origine à des roches dolomitiques
et à des amas de gypse exploités dans le haut Jura.

Les roches du terrain jurassique, considérées dans leur

ensemble, présentent, à mesure qu'elles appartiennent à un niveau plus élevé de l'échelle géologique, des nuances de plus en plus claires. Ces changements ont servi de base à la classification adoptée par les géologues allemands lorsqu'ils ont divisé le terrain jurassique en *Jura noir* (lias), *Jura brun* (oolite inférieure et partie inférieure de l'oolite moyenne), et *Jura blanc* (partie supérieure de l'oolite moyenne et oolite supérieure). Ces changements ne sont pas l'effet du hasard ; ils proviennent de la manière dont ont fonctionné l'action détritique et l'action geysérienne. Pour mieux exprimer notre pensée, nous allons comparer les terrains placés aux deux extrémités de la série jurassique, le lias et l'oolite supérieure, remarquables, l'un par sa couleur foncée, l'autre par sa nuance claire.

Le lias, du moins sur les points où il peut être observé, notamment dans le Jura nord-occidental, est en majeure partie composé de marnes, c'est-à-dire de roches dont les éléments provenaient de la destruction des terres émergées voisines ; ces éléments avaient évidemment des colorations très diverses, pour la plupart plus ou moins foncées. D'un autre côté, les êtres organisés pullulaient au fond de la mer liasique ; cette exubérance de la vie a donné lieu non seulement à l'accumulation des nombreux fossiles qui font la richesse de la faune liasique, mais aussi à la formation d'une quantité considérable d'hydrocarbures qui imprègnent les roches du lias. Ces hydrocarbures donnent au lias tout à la fois sa couleur sombre et sa grande fertilité.

Pendant le dépôt de l'oolite supérieure, les choses se passaient tout autrement, surtout dans le haut Jura, si nous en jugeons d'après les caractères pétrographiques de ce terrain. Il est dépourvu d'éléments argileux et composé exclusivement de calcaire, sans mélange d'autres substances d'origine geysérienne ou détritique. Or le carbonate de chaux a naturellement une couleur blanche. De là la nuance claire qui caractérise les roches du haut Jura et qui est d'autant plus remarquable qu'elle contraste avec la couleur sombre des forêts de sapins environnantes.

Un des caractères essentiels de la constitution pétrographique du terrain jurassique consiste dans les alternances d'horizons marneux et d'horizons calcaires qui se succèdent depuis le lias jusqu'à l'oolite supérieure. C'est ainsi que les marnes liasiques et les marnes oxfordiennes alternent avec l'oolite inférieure et le corallien qui sont calcaires l'un et l'autre. Chacun des trois premiers étages de l'oolite supérieure comprend, du moins dans le Jura nord-occidental, une assise marneuse à la base, une assise calcaire au-dessus.

Nous avons dit que ces alternances doivent être rattachées, par leur origine, aux changements successivement apportés dans les climats. Pendant les époques correspondant aux terrains marneux, le climat, quoique très chaud, comme pendant toute la période jurassique, était plus humide ; des pluies plus ou moins abondantes, sans être diluviennes, déterminaient le fonctionnement de courants fluviatiles qui apportaient aux terrains marneux en voie de formation l'élément détritique, c'est-à-dire l'argile qui entre, concurremment avec le carbonate de chaux, d'origine geysérienne, dans la composition de ces terrains marneux. Pendant les périodes correspondant aux terrains exclusivement calcaires le climat devenait très sec ; le transport des matières argileuses était ralenti ou suspendu ; les roches calcaires pouvaient seules se former.

Les variations climatologiques ont déterminé les alternances des horizons marneux et des horizons calcaires dans le sens vertical ; quant à la répartition des roches marneuses et des roches calcaires dans le sens horizontal, on constate que les roches marneuses perdent de leur importance, tandis que les roches calcaires en gagnent lorsqu'on se dirige de l'extrémité nord-ouest du Jura vers sa zone orientale. C'est une conséquence de la loi en vertu de laquelle, dans un même bassin géogénique, tel que le bassin jurassien, les matériaux se répartissent d'après leur volume et leur densité ; ce sont les matériaux les moins denses et les moins volumineux qui s'éloignent le plus des rivages. On conçoit comment, d'après cela, les éléments calcaires, réduits à l'état de molécules chimiques, ont été transportés à une plus grande distance que les particules plus ou moins palpables dont les marnes et les argiles sont formées. Citons des exemples en montrant comment les marnes vésuliennes, qui se placent au milieu du terrain oolitique inférieur du Jura nord-occidental, disparaissent dans le haut Jura et comment les trois assises marneuses, qui existent dans l'oolite supérieure des environs de Besançon, ne s'observent plus quand on se dirige vers l'est.

Caractères paléontologiques ; faciès des terrains. — Nous aurions voulu joindre au tableau de la page 19 les listes des fossiles servant à caractériser chaque assise et chaque étage ; les limites de cette Notice et le plan que nous avons dû nous tracer ne nous permettent pas d'aborder ce travail qui ne pourrait être exact qu'à la condition d'être très minutieux.

Un des côtés les plus intéressants de l'étude du terrain jurassique du Jura est celle des faciès qu'offrent les diverses assises dont il se compose. Le faciès d'un terrain est l'ensemble de ses caractères paléontologiques et pétrographiques, ces caractères étant considérés comme procédant des conditions multiples qui ont présidé à son dépôt. L'étude des faciès permet de retrouver l'ancien état de choses au moment où le terrain que l'on a en vue était en voie de dépôt. En tenant compte de l'aspect et de la texture des roches ainsi que de la nature des fossiles, on peut reconnaître quelles étaient, sur un point donné, la profondeur relative de la mer, la nature du sol sous-marin, la direction des courants, l'état d'agitation ou de calme des eaux, etc.

Le terrain jurassique offre à l'observation un très grand nombre de faciès, plus ou moins importants, plus ou moins nettement caractérisés ; nous ne saurions songer à les décrire, ni même à les énumérer ; nous nous bornerons à formuler les considérations suivantes :

Les terrains marneux sont caractérisés par l'abondance des céphalopodes (ammonites et bélemnites) et par l'extrême rareté des polypiers ; ils sont totalement dépourvus de polypiers coralligènes. Les terrains calcaires, au contraire, renferment peu de céphalopodes, mais les polypiers coralligènes y atteignent un grand développement. Le lias et les marnes oxfordiennes sont des horizons à céphalopodes, tandis que le terrain oolitique inférieur, qui recouvre les marnes liasiques et le calcaire corallien, placé au-dessus des marnes oxfordiennes, renferment très peu d'ammonites, mais offrent à chaque pas des récifs de polypiers plus ou moins étendus.

Après les règnes alternatifs des céphalopodes et des polypiers est venu le règne des gastéropodes et des bivalves (lamellibranches et brachiopodes). Ce règne correspond à la période pendant laquelle l'oolite supérieure s'est constituée. Lors de cette période, les céphalopodes sont devenus de moins en moins nombreux ; quant aux polypiers, tandis que pendant l'époque corallienne, ils recouvraient de leurs récifs presque toute la région du Jura, ils tendaient ensuite à se localiser de plus en plus. Dans le Jura nord-occidental, ils faisaient leur dernière apparition avec le séquanien ; ils se maintenaient dans le Jura méridional où ils persistaient jusqu'à la fin de la période oolitique. Mais, en Savoie et dans le Dauphiné, le terrain jurassique conservait pendant cette période de l'oolite supérieure, le faciès à céphalopodes, faciès que l'on désigne plus spécialement sous le nom de « faciès alpin », par opposition au « faciès jurassien » caractérisé, comme nous venons de le dire, par les gastéropodes et les bivalves.

Ces changements dans la faune, changements dont nous avons cité des exemples que nous aurions pu rendre plus nombreux, sont le produit de deux facteurs : ils sont la conséquence : 1° des transformations successives survenues dans les formes organiques par suite des lois encore inconnues de l'évolution générale des êtres organisés ; 2° des modifications successivement apportées dans les milieux où la vie se développe. En ce qui concerne spécialement le Jura, nous dirons qu'elles ont été notamment produites par des variations dans la profondeur des eaux et la nature du sol sous-marin à la suite du mouvement de bascule dont nous avons déjà parlé. C'est ainsi sans doute que, à mesure que le sol s'exhaussait du nord-ouest vers le sud-est, les polypiers se déplaçaient dans le même sens.

Derniers dépôts de la période jurassique ; passage du terrain jurassique au terrain crétacé. — Pendant la période jurassique, le bassin jurassien a obéi, lentement et progressivement, à un mouvement ascensionnel qui a eu pour conséquence de rapprocher de plus en plus les rivages des mers qui l'ont successivement occupé et qui ont reçu les dépôts dont nous venons d'indiquer quelques-uns des principaux caractères.

Nous avions d'abord pensé que ce mouvement ascensionnel avait eu pour résultat l'apparition d'une mer intérieure qu'une dernière impulsion avait transformée en lac ; ce lac avait reçu une formation que nous appelions *terrain lacustre supra-oolitique*.

Depuis nous avons été conduit à reconnaître que les strates avec fossiles d'eau douce de l'étage dubisien, strates qui terminent la série jurassique, appartenaient non à une formation lacustre proprement dite, mais à une formation côtière et fluvio-marine. Cette formation se rattachait à la mer où se déposaient les dernières assises du terrain tithonique et, en particulier, le calcaire de Berrias, près de **Vans** (Ardèche), calcaire qui a été considéré avec raison comme l'équivalent du purbeckien (dubisien du Jura).

Lorsque la période crétacée a commencé, les eaux océanniennes n'avaient pas déserté le bassin jurassien ; les mers avaient, à peu de chose près, la même étendue et les mêmes rivages. Le passage du terrain jurassique au terrain crétacé s'est donc effectué sans transition brusque, puisqu'il n'y a pas eu de suspension dans l'action sédimentaire.

CHAPITRE III

TERRAINS POSTÉRIEURS A LA FORMATION JURASSIQUE.

Système crétacé inférieur ou néocomien. — Le terrain crétacé, dont le dépôt a immédiatement suivi, dans le Jura, celui du terrain jurassique, se divise en trois systèmes : le *système inférieur* ou *néocomien*, le *système moyen* ou du *grès vert* et le *système supérieur* ou de *la craie blanche*.

Le système néocomien atteint son maximum de développement aux environs de Neuchâtel. Il s'y montre divisible en trois étages : 1º l'étage *valangien*, dont la principale assise consiste en un calcaire roux avec oolites de limonite ; 2º l'étage *néocomien* proprement dit, constitué par une assise marneuse, les *marnes d'Hauterive*, toujours très fossilifères, et par le *calcaire jaune* de Neuchâtel ou néocomien calcaire ; 3º l'étage *urgonien*, avec rudistes et orbitolines.

Les caractères pétrographiques du terrain néocomien ressemblent beaucoup à ceux du terrain jurassique. Ce sont les mêmes alternances de marnes et de calcaires, avec interpositions, à certains niveaux, de calcaires siliceux ou ferrugineux.

Les caractères paléontologiques sont également à peu près les mêmes. L'aspect général de la faune a peu changé, à part bien entendu la présence des rudistes et, dans le Dauphiné, des ammonitides à tours non continus. L'apparition de ces nouveaux types ne résulte pas de modifications dans le milieu ; ils sont la conséquence des lois qui président aux évolutions de l'organisme. Remarquons d'ailleurs qu'il y a lieu de constater, dans le terrain néocomien comme dans l'oolite supérieure, deux faciès : un faciès à gastéropodes et à bivalves, spécial au Jura, et un faciès alpin ou à céphalopodes, appartenant à la Savoie et au Dauphiné.

Ajoutons enfin qu'il y a concordance de stratification entre le terrain néocomien et l'oolite supérieure ; s'il existe entre eux une discordance d'isolement, ce n'est que dans le Jura occidental, par suite de l'absence de l'étage dubisien. Les deux terrains que nous comparons, étant en stratification concordante, ont été soumis simultanément aux mêmes actions dynamiques ; ils ont participé aux mêmes mouvements du sol ; ils interviennent au même titre dans les mêmes accidents stratigraphiques, tels que les failles et les soulèvements en voûte.

Afin de bien définir le rôle que le terrain néocomien joue dans la constitution géognostique du Jura, nous dirons qu'il sert de couverture au terrain jurassique et qu'on l'a considéré comme étant « l'écorce » de ce massif montagneux. Mais cette écorce a été déchirée et manque sur un grand nombre de points. A cause de la place qu'il occupe dans la série des formations jurassiennes, il a été soumis, plus que celles qui l'avaient précédé, à l'influence des agents de dénudation.

A mesure que l'on s'éloigne du Jura neuchâtelois pour se diriger vers le sud, on constate que le terrain néocomien prend une importance de plus en plus grande. Si l'on dépasse la limite du Jura, on le voit constituer à lui seul la majeure partie du massif de la Grande-Chartreuse : en même temps, il prend le faciès alpin ; la ligne séparative entre ce faciès et le faciès jurassien passe approximativement entre le Salève et les Voirons.

Mais si l'on se dirige vers l'ouest, on voit le terrain néocomien s'amoindrir de plus en plus ; son épaisseur diminue et il se montre de plus en plus dénudé. Dans le Jura nord occidental, il n'est représenté que par trois lambeaux éloignés les uns des autres, situés, le premier, près de Mouthier, sur la Loue, le second, dans la vallée de l'Ognon, entre Voray et Marnay, et le troisième dans la vallée du Doubs, près de Rozet. Cette répartition en trois lambeaux n'est pas tout-à-fait l'effet du hasard ; chacun d'eux correspond à un des trois bassins formant le système hydrographique du pays ; ils se sont trouvés placés sur les points où les failles et la configuration du sol les ont protégés contre les agents de destruction. Ils se composent exclusivement de terrain néocomien proprement dit ; les étages valangien et urgonien font défaut.

Système crétacé moyen ou du grès vert. — Le système crétacé moyen comprend quatre étages : l'étage *aptien* (grès vert inférieur), l'étage *albien* (gault), l'étage *cénomanien* (grès vert supérieur ou craie chloritée), l'étage *turonien* (craie tufau). Tous ces étages sont représentés dans le Jura à l'exception de ce dernier.

Le système crétacé moyen ou du grès vert est en concordance de stratification avec le terrain néocomien ; il a, du moins dans le Jura, la même répartition que lui. Mais il a été soumis à une action dénudatrice encore plus intense, soit à cause de sa situation dans l'échelle géologique, soit par suite de sa composition pétrographique. Le système crétacé moyen est, en effet, constitué presque en totalité par des roches détritiques, résistant plus difficilement que les calcaires à l'influence destructive des agents atmosphériques.

Les roches constitutives du système crétacé moyen sont fréquemment des sables et des grès colorés en vert par le fer silicaté. C'est par des roches de cette nature, mêlées à des argiles, que ce système débute. Au dessus viennent des argiles noirâtres, bleuâtres ou verdâtres, qui, tantôt seules, tantôt mêlées à des grès, forment un horizon peu puissant,

nais d'une grande constance : c'est le gault ; puis apparais-
ent d'autres grès (grès vert supérieur) souvent remplacés
ar des calcaires glauconieux (craie chloritée).

C'est dans la partie sud-orientale du Jura que le système
lu grès vert se montre le plus développé ; mais, vers le
lord-ouest, il n'apparaît plus que par lambeaux disséminés.
Dans le département du Jura, l'étage aptien ne se montre
que sur la pente du mont Rizoux ; l'étage albien existe ;
quant à l'étage cénomanien, il n'a été rencontré qu'à Lains
où, de même qu'à Leissard et près du lac Genin, il repose
sur le gault et est recouvert par un lambeau de craie blanche.
Enfin, dans le département du Doubs, il y a absence de
l'étage aptien. L'étage albien y est composé d'une assise
de sables verts superposée à une assise d'argile bleue plas-
ique et recouverte par un calcaire crayeux d'un blanc gri-
sâtre (craie chloritée). Dans ce département, le grès vert
accompagne chacun des trois lambeaux de terrain néocomien dont il vient d'être question.

Système crétacé supérieur ou de la craie blanche. — Ce
système comprend trois étages : l'étage *provencien* (craie
marneuse, terrain à hippurites), l'étage *sénonien* (craie
blanche), l'étage *danien* (craie de Maëstricht, calcaire piso-
litique). De ces trois étages, il en est un, l'étage provencien,
qui n'a pas de représentant dans le Jura.

L'absence dans le Jura, et même dans tout le bassin jurassien, des étages turonien et provencien, indique que ce bassin, pendant l'espace de temps correspondant à ces deux
étages, a subi un émergement général. La lacune résultant
de cet émergement permettrait de diviser le terrain crétacé
du Jura en deux séries. Cette division, à laquelle du reste
nous n'attachons que peu d'importance, avait déjà été indi-
quée par Elie de Beaumont, lorsqu'il disait que le terrain
crétacé est divisible en deux groupes séparés par le système
du Mont Viso et très distincts par leurs caractères géolo-

giques et leur distribution à la surface de l'Europe. On peut
en dire autant de la craie blanche du Jura par rapport aux
autres étages de la série crétacée dans le bassin jurassien.

Pourtant le système crétacé supérieur du Jura est en concordance de stratification avec le système antérieur, mais il
existe entre les deux une discordance d'isolement très nette.
La mer de la craie blanche n'a certainement pas eu les mêmes
rivages ni occupé le même emplacement que les mers du
grès vert et du néocomien.

Dans le Jura, le système de la craie blanche n'est plus représenté que par trois lambeaux. Un de ces lambeaux existe
dans le département du Jura, entre Lains et Saint-Julien ;
deux autres lambeaux sont connus dans le département de
l'Ain ; l'un s'observe à Leissard, sur un espace de trois kilomètres de longueur et quatre cents mètres de largeur ;
l'autre, près du lac Genin, au-dessus de Charix. Ajoutons
que des rognons siliceux, semblables à ceux de la craie
blanche de Leissard et du lac Genin, ont été rencontrés dans
un ravin d'Evoaz, ce qui conduit à penser qu'à Evoaz la craie
blanche existe au-dessous de la mollasse marine. La craie
blanche a une faible épaisseur qui est de 10 mètres au lac
Genin et de 30 à 40 mètres à Leissard.

Au-dessus de la craie blanche de Leissard et du lac Genin
on observe une couche d'un mètre d'épaisseur d'une argile
très rouge ; à Lains, dans la même situation, se trouve un
calcaire rougeâtre, avec grains de fer hydraté. Ces formations superposées à la craie blanche sont très probablement
des représentants, à l'état rudimentaire, de l'étage danien,
ou même encore du terrain auquel Leymerie avait donné le
nom d'étage garumnien.

La mer de la craie blanche, dans le bassin jurassien, se
prolongeait jusqu'en Savoie et dans le Dauphiné. La présence de cailloux siliceux au pied de la côte chalonnaise
permet de penser qu'elle occupait, à l'ouest, tout le bassin
de la Saône. Mais, quelque large que soit la part que l'on

peut faire à l'influence des phénomènes d'ablation, on ne saurait admettre que cette mer recouvrait aussi tout ce qui est maintenant le Jura ; elle avait donc une tout autre répartition que celles qui l'avaient précédée.

Terrain tertiaire. — Peu après le dépôt des dernières strates de la série crétacée, le bassin jurassien a subi un émergement général ; les eaux océaniennes se sont maintenues seulement dans un bassin étroit et allongé, occupant le pied des Alpes telles qu'elles existaient alors. Dans ce bassin allait se déposer le terrain nummulitique contemporain des sables du Soissonnais et du calcaire grossier de Paris.

L'histoire géologique du Jura, considéré comme massif montagneux et comme région distincte, ne commence en réalité que vers le milieu de la période éocène. C'est, en effet, de ce moment que date la première manifestation des deux impulsions qui ont persisté jusqu'à la fin de la période pliocène et qui, étant dirigées en sens contraire, ont eu pour résultats, l'une d'exhausser le Jura d'une manière progressive, l'autre d'abaisser les deux régions voisines, c'est-à-dire la plaine helvétique et le bassin de la Saône. C'est dans ces deux régions que, pendant toute la période tertiaire, l'action sédimentaire s'est exercée de préférence, tandis que le Jura était abandonné à l'influence destructive des agents d'érosion et de dénudation.

La masse du Jura allait pourtant faire de nouvelles acquisitions ; mais celles-ci devaient, à un certain point de vue, n'offrir qu'une minime importance. Les lacs et les mers, qui occupaient successivement la plaine helvétique et le bassin de la Saône, empiétaient, de temps à autre, sur le futur emplacement du Jura ; ces visites des eaux douces et des eaux salées amenaient la formation de dépôts plus ou moins restreints qui se sont trouvés faire partie du Jura lors de son soulèvement définitif ; nous allons les énumérer rapidement :

A l'éocène supérieur appartiennent : 1° des *sables siliceux* que l'on observe dans le Jura méridional ; ils reposent indifféremment sur le terrain jurassique et le terrain néocomien ; ils sont très irréguliers sous le rapport de leur épaisseur et de la stratification et toujours dépourvus de fossiles ; 2° le terrain *sidérolitique* et le *nagelfluhe jurassique* ; 3° le terrain lacustre de Morvillars et de Chatenois, entre Belfort et Audincourt, immédiatement superposé au minerai sidérolitique.

Le terrain miocène se divise en trois systèmes : un système moyen (étages *aquitanien et mayencien*) exclusivement lacustre, compris entre deux systèmes, en totalité ou en majeure partie marins et correspondant l'un à l'étage *tongrien* et l'autre à l'étage *helvétien*.

La mer de l'époque tongrienne occupait probablement la majeure partie de la plaine helvétique ; elle pénétrait dans la partie nord-orientale du Jura et y laissait des dépôts qui ont au plus haut degré le faciès littoral. Ces dépôts se trouvent dans le territoire de Belfort, dans le val de Delémont, aux Brenets, où se montre un poudingue, formé de cailloux jurassiques et néocomiens, s'appuyant sur un calcaire criblé de trous de pholades, à Noirvaux, où existe un poudingue assez semblable à celui des Brenets. Au-dessous de cet ensemble de formations marines, se placent quelques dépôts lacustres et notamment les schistes à poissons de Froidefontaine.

Le système miocène moyen paraît n'être représenté dans le Jura que par la mollasse lacustre de Delémont.

Immédiatement après le dépôt du terrain miocène moyen, la mer a envahi toute la partie de la Suisse comprise entre les Alpes et le Jura ; elle a même occupé toute la zone orientale de ce dernier massif. De là les nombreux lambeaux de mollasse marine que l'on observe dans la zone orientale du Jura et qui augmentent en nombre et en importance à mesure que l'on s'éloigne de l'extrémité sud de cette zone pour se rapprocher de son extrémité nord-est. Tous les dépôts se rattachant dans la zone orientale à la mollasse marine ont très nettement le faciès côtier.

Dès le commencement de la période pliocène, le mer avait déserté tout le bassin jurassien ; les eaux douces avaient également abandonné la majeure partie de la plaine helvétique et ne s'y étaient maintenues que dans le petit lac d'Æningen. A l'ouest du Jura, elles formèrent encore un vaste lac qui s'étendait depuis Gray jusqu'à Tournon. Le Jura, qui avait alors sa configuration actuelle, possédait trois lacs ; l'un situé dans les environs du Locle et de la Chaux-de-Fonds ; le second auprès du Grand-Denis et le troisième auprès de Soblay (Ain). Ces lacs ont reçu les derniers dépôts sédimentaires appartenant au Jura.

Pour compléter cette revue sommaire des terrains dont le Jura se compose, il nous reste à parler des dépôts superficiels qui datent de la période quaternaire et de l'époque actuelle ; nous les mentionnerons à la fin de ce travail.

TROISIÈME PARTIE

CONSTITUTION STRATIGRAPHIQUE ET TOPOGRAPHIQUE DU JURA.

CHAPITRE PREMIER

STRATIGRAPHIE GÉNÉRALE. LES FAILLES ET LES SOULÈVEMENTS EN VOUTE.

Considérations préliminaires. — Le Jura, avons-nous dit, est, par son mode de formation et sa disposition générale, un plateau ; mais ce plateau présente des accidents stratigraphiques et topographiques qui ont imprimé à sa structure intérieure et à son relief un caractère particulier dont nous allons essayer de donner une idée en parlant des failles et des soulèvements en voûte.

Nous devons, au préalable, poser en principe que toutes les strates jurassiennes, depuis le trias jusqu'au miocène inclusivement, sont en stratification concordante. Au premier abord cette concordance de stratification entre tous les terrains dont le Jura se compose semble inadmissible, parce que, pendant le dépôt de ces terrains, le sol du Jura s'est soulevé et abaissé à plusieurs reprises. Chacun de ces mouvements imprimés à l'écorce terrestre a eu une amplitude considérable, tantôt pour chasser, tantôt pour ramener les eaux océaniennes. Toutefois ces oscillations se sont effectuées avec ensemble et d'une manière uniforme, sinon sur toute l'étendue du bassin jurassien, du moins sur la partie correspondant au Jura.

Le résultat de cette concordance de stratification a été que les strates qui se trouvent sur le même point ont obéi aux mêmes impulsions et dans le même moment ; elles ont subi les mêmes dérangements.

Lorsque le Jura a pris sa structure et sa configuration actuelles, d'abord à la fin de la période éocène, dans sa partie nord-occidentale, puis, à la fin de la période miocène, dans sa partie orientale, les strates avaient conservé à peu près leur horizontalité et leur continuité primitives : ce sont les soulèvements en voûte qui leur ont fait perdre leur horizontalité et ce sont les failles qui, sur les points où elles se formaient, ont détruit leur continuité.

Les failles ; leur mode de formation ; leur structure. — D'une manière générale, on peut définir une faille en disant que c'est une cassure ou une fente traversant tout ou partie de l'écorce terrestre dans une direction tantôt verticale, tantôt plus ou moins oblique. Le caractère essentiel d'une faille, c'est le glissement de l'un de ses côtés contre l'autre, l'un s'étant abaissé et l'autre s'étant exhaussé. Il en résulte que les parties correspondantes d'une même strate, c'est-à-dire celles qui étaient primitivement contiguës, ne se trouvent plus au même niveau ; la distance qui, dans une faille, sépare, après leur disjonction, les deux parties d'une même strate, mesure le *rejet* ou le *dénivellement* de cette faille.

Il y a lieu de distinguer deux sortes de failles : les failles du premier ordre et celles du second ; elles diffèrent les unes des autres par leur mode de formation, leur allure et leur importance.

Les failles du *premier ordre* se rattachent, par leur origine, aux actions dynamiques qui ont eu leur siège dans l'intérieur du globe, au-dessous de l'écorce terrestre ; les failles du *second ordre* procèdent tantôt d'étirements subis par les strates, tantôt de compressions latérales, ainsi qu'on le constate dans le massif alpin et dans les bassins houillers. Les actions qui leur donnent naissance, au lieu d'être une des causes des phénomènes orogéniques, en sont une des conséquences.

Les failles du premier ordre se dirigent verticalement dans l'intérieur de l'écorce terrestre qu'elles traversent dans toute son étendue. Les failles du second ordre n'ont qu'un parcours plus ou moins limité à travers cette écorce terrestre, et se dirigent, par rapport à la verticale, dans un sens plus ou moins oblique.

Nous nous bornerons à porter notre attention sur les failles du premier ordre. Ce sont les seules, pensons-nous, qui existent dans le Jura ; si les failles du second ordre y sont représentées, ce ne peut être que dans sa partie orientale, là où se sont manifestés les phénomènes qui ont donné naissance aux soulèvements en voûte du second type.

Dans la formation des failles du premier ordre, il y a deux phénomènes bien distincts, souvent simultanés, d'autres fois successifs ; ces deux phénomènes sont : 1° l'apparition d'une fente ou cassure ; 2° la dénivellation des deux côtés de la faille.

La dénivellation des deux côtés de la faille est due à l'impulsion venue de l'intérieur du globe et qui, agissant inégalement sur les deux côtés, les portent à des niveaux différents.

C'est également aux actions dynamiques internes que nous rattachons l'apparition de la cassure primitive. Sous ce rapport, nous croyons devoir modifier la théorie que nous avons émise il y a quelques années (*Jura franc-comtois*, 1876), lorque nous considérions la fente initiale comme déterminée par les actions moléculaires qui amèneraient, dans l'intérieur de l'écorce terrestre, des lignes de retrait que nous appelions des « failles à l'état latent ».

Ce qui nous a conduit à renoncer à notre première théorie, c'est la relation étroite qui existe, sous le rapport de leur direction et de leur répartition géographique, entre les failles du premier ordre et les lignes stratigraphiques dont se compose un .même système de montagnes. Il est devenu évident pour nous que les forces intérieures qui président à la formation des chaînes de montagnes et à leur groupement en systèmes caractérisés par leur âge et leur direction, sont les mêmes que celles qui amènent l'apparition des failles.

D'ailleurs si les actions moléculaires auxquelles, dans notre première théorie, nous faisions jouer un rôle si important dans l'édification des failles intervenaient seules, les failles, au lieu d'être réparties comme au hasard dans une même contrée, seraient distribuées d'une manière à peu près uniforme et dessineraient un réseau presque régulier. Il nous paraît inutile de rappeler comment nous avions prévu cette objection et comment nous raisonnions pour résoudre la difficulté qui se présentait à nous.

Lorsqu'on observe le trajet d'une faille, on constate qu'elle ne conserve pas longtemps la même direction. Elle dévie, tantôt à droite, tantôt à gauche, d'une quantité variable, mais jamais très grande. Si, à une certaine distance, la faille dévie de nouveau, c'est en sens opposé ; elle se présente alors sous la forme d'une ligne brisée, dont les divers éléments se placent bout à bout sans dévier d'une direction moyenne qui est la direction de la faille.

Quelquefois les failles ne présentent qu'une seule ligne de fracture ; mais le plus souvent, elles se bifurquent, et envoient à droite et à gauche des ramifications qui se répètent à plusieurs reprises, sans toutefois s'éloigner beaucoup de la cassure principale, de sorte que la faille principale conserve son unité. Evidemment ce qui s'observe à la surface du sol doit se produire dans l'intérieur de l'écorce terrestre, c'està-dire dans le sens vertical.

Sous le nom de « failles en faisceau », nous désignons celles qui sont très rapprochées les unes des autres et se dirigent dans le même sens. Comme exemples de failles en faisceau, nous citerons celles qui limitent le Jura à l'ouest dans les départements du Jura et de l'Ain.

Il est digne de remarque que les nombreuses failles dessinant le réseau du Jura nord-occidental se rencontrent fréquemment; mais aucune d'elles n'en franchit une autre, contrairement à ce que l'on constate pour les filons.

Les dimensions des failles dans le sens de la longueur varient beaucoup ; quelques-unes ont à peine quelques kilomètres d'étendue, tandis que la faille de Montfaucon, qui passe à l'est de Besançon, a un développement de 70 kilomètres. Cette faille atteint, en même temps, le maximum de rejet qui est de 500 mètres à Beure, près de Besançon ; elle y met en contact les marnes irisées avec le terrain corallien. Une même faille n'a pas d'ailleurs le même dénivellement sur toute son étendue ; l'amplitude du rejet varie depuis le maximum que nous venons d'indiquer jusqu'à zéro, c'est-à-dire jusqu'au point où la faille passe à l'état latent.

Les failles acquièrent leur maximum d'importance dans le Jura nord-occidental et sur le bord du Jura central ; c'est là qu'elles se montrent en plus grand nombre. A mesure qu'on se dirige vers l'est, on les voit devenir plus rares, moins étendues dans le sens horizontal et moins nettement dessinées.

Les failles dont il vient d'être question datent de la seconde moitié de la période éocène ; elles ont commencé à se former lorsque le Jura occidental a subi la première impulsion qui l'a porté au-dessus des régions voisines. Les actions dynamiques qui ont présidé à la formation des failles n'ont pas opéré d'une manière brusque, le réseau des failles s'est dessiné et accentué peu à peu ; mais, dès la fin de la période éocène, l'œuvre des forces intérieures était accomplie.

Soulèvements en voûte ; deux types de soulèvements en voûte ; soulèvements du premier type. — Tandis que les failles ont pour effet essentiel d'interrompre la continuité des strates, tout en respectant plus ou moins leur horizontalité primitive, les soulèvements en voûte, au contraire, ont pour

conséquence d'imprimer à ces mêmes strates une courbure
en dôme ou en voûte plus ou moins prononcée sans interrompre leur continuité.

Les actions dynamiques ayant donné naissance aux soulèvements en voûte, quelle que soit l'hypothèse que l'on
adopte sur leur origine, ont bien respecté la continuité primitive des strates. Toutefois pour les strates superficielles
plus fortement distendues, la limite d'élasticité a été souvent dépassée. Il s'est alors produit dans la partie centrale
du soulèvement en voûte une déchirure qui se change en
crevasse et va s'agrandissant, dans le sens de la profondeur
et de la largeur, sous l'influence des agents atmosphériques ;
il en résulte des accidents topographiques dont nous dirons
quelques mots dans le chapitre suivant.

Il y a deux types de soulèvements en voûte se distinguant
entre eux par leur mode de formation, leur structure, leur
configuration générale et leur répartition dans le Jura.

En 1876, lorsque nous avons publié nos *Études sur le
Jura franc-comtois*, nous n'admettions qu'un seul mode de
formation pour les soulèvements en voûte, aussi bien pour
ceux du Jura occidental que pour ceux du Jura oriental. Depuis lors nos idées se sont beaucoup modifiées à ce sujet.
Nous avons été amené à considérer les soulèvements en
voûte, tels du moins qu'ils existent dans le Jura, comme
étant des accidents orographiques édifiés dans des conditions spéciales, mais pouvant se rattacher à deux des trois
types orographiques que nous avons décrits dans l'*Annuaire
du Club alpin, année 1886*.

Nous considérons les soulèvements en voûte du premier
type comme étant le résultat d'impulsions verticales agissant
de bas en haut, et ayant leur point de départ ou leur raison
d'être dans la pyrosphère, directement au-dessous du point
où le soulèvement se produit. Cette hypothèse, dont nous
nous sommes servi pour expliquer le mode de formation des
chaînes de montagnes du premier type (*Annuaire du Club*

alpin, année 1885) présente, en ce qui concerne les soulèvements en voûte du Jura, une difficulté résultant : 1° de l'épaisseur considérable de l'écorce terrestre par rapport à celle des strates recourbées ; 2° du faible rayon de courbure des voûtes. Mais cette difficulté peut être surmontée en rapprochant, autant que cela paraît nécessaire, le point d'application de la force intérieure. Il suffit pour cela d'admettre que les soulèvements en voûte correspondent à des lignes de fracture qui, tout en commençant à une grande profondeur, n'atteignent pas la surface du globe. Ces lignes de fracture ont permis à la matière éruptive de se rapprocher de la surface du globe jusqu'à une distance qui peut varier, mais qui est toujours en rapport avec le rayon de courbure du soulèvement ; plus ce rayon devra être petit et plus la ligne de fracture devra se rapprocher de la surface du sol. La matière éruptive, au moment où elle atteint le sommet de la ligne de fracture, exerce une forte pression contre les strates, les soulève et les courbe sans leur imprimer aucune rupture. Les strates s'infléchissent avec d'autant plus de facilité qu'elles possèdent une certaine élasticité et qu'elles peuvent glisser les unes contre les autres comme les pièces d'un meuble à coulisses. Lorsque leur limite d'élasticité est atteinte, les strates se déchirent ; leur rupture commence par les strates superficielles pour se transmettre ensuite, de proche en proche, aux strates sous-jacentes sans atteindre le sommet de la fracture, cause initiale du phénomène.

La matière éruptive, il est vrai, ne se montre pas au jour ; mais il n'est pas douteux, selon nous, qu'elle n'existe à une faible distance de la surface du sol. Si elle s'est maintenue à une certaine profondeur, c'est parce que les soulèvements en voûte du Jura nord-occidental datent de la fin de la période éocène, c'est-à-dire du moment où la pyrosphère hydro-thermale était presque en totalité solidifiée ; le réservoir où s'alimentaient les roches plutoniques, seules capables d'exercer une action dynamique sur les strates, était presque épuisé. Le règne des roches volcaniques, c'est-à-dire les roches incapables d'agir mécaniquement sur les strates, de les soulever et de les disloquer, allait commencer. Nous voyons, dans les soulèvements dont il vient d'être question, la dernière manifestation des phénomènes qui ont présidé à l'édification des chaînes de montagnes du premier type.

Soulèvements en voûte du second type ; leur mode de formation. — La théorie que nous venons d'exposer à propos des soulèvements du premier type est celle que nous adoptions lorsque nous n'admettions qu'un seul procédé employé par la nature dans l'édification des chaînes de montagnes et, par conséquent, des soulèvements en voûte. Nous la considérons encore comme étant parfaitement applicable aux soulèvements en voûte du Jura nord-occidental. Mais un examen attentif de la question nous a conduit à modifier notre première opinion en ce qui concerne les soulèvements en voûte du Jura oriental. Ceux-ci, d'après l'hypothèse que nous adoptons maintenant, rempliraient, par rapport aux chaînes de montagnes du second type, le rôle que nous avons assigné aux soulèvements en voûte du Jura nord-occidental par rapport aux chaînes du premier type.

Voici, en quelques mots, la théorie que nous adoptons pour expliquer la formation des soulèvements en voûte du deuxième type. L'enveloppe solide du globe se compose de deux zones superposées, différant entre elles par leur origine et leur structure. La zone inférieure ou hypogénique est divisée, par des failles, en fragments prismatiques verticalement placés les uns à côté des autres. La zone supérieure ou épigénique est composée de strates ou parties planes empilées les unes au-dessus des autres et que, pour un instant, nous considérons comme étant horizontales. Sous l'impulsion des forces intérieures, les fragments prismatiques de la zone inférieure, tout en conservant leur rigidité, sont portés à des niveaux différents ; les autres, au contraire,

obéissant à la pesanteur, s'affaissent. Les fragments mis en
relief deviennent les montagnes ; les autres deviennent les
vallées. Mais ces montagnes et ces vallées ont un caractère
particulier résultant de ce que les strates superficielles, en
les accompagnant dans leurs mouvements, n'ont pas cessé
de les recouvrir. Ainsi ont pris naissance les montagnes
très variables de forme, aux strates infléchies et recourbées
telles qu'on les rencontre en Savoie.

La plus grande analogie de structure et de configuration
existe entre les montagnes du Jura oriental et celles de la
partie basse de la Savoie et du Dauphiné ; seulement les pre-
mières atteignent une moindre altitude et constituent des
masses moins considérables. Mais les unes et les autres appartiennent à une même région orogénique séparées en
deux parties par la plaine helvétique et la vallée du Rhône.

Par conséquent, les soulèvements en voûte du Jura oriental et les montagnes de la Savoie ont la même origine. Elles
procèdent du jeu des fragments de l'écorce terrestre qui ont
été portés à des hauteurs différentes tout en restant revêtus
de leur manteau de strates sédimentaires. Les différences
qu'un examen attentif conduirait à signaler résulteraient de
la dimension et de la situation relative des fragments mis en
mouvement. Ceux-ci étaient moins larges dans le Jura
oriental et placés parallèlement entre eux ; c'est à cette circonstance que nous croyons pouvoir attribuer l'arrangement
linéaire des soulèvements en voûte dans cette partie du
Jura et leur coordination par rapport à des axes plus ou
moins apparents.

En quoi les soulèvements en voûte du premier et du second type diffèrent-ils entre eux ? D'abord, comme nous venons de l'admettre, ils ne sont pas le résultat de causes
identiques ou du moins de causes ayant agi dans les mêmes
conditions. Ensuite, les premiers appartiennent à la zone
nord occidentale du Jura ; les seconds à sa zone orientale.
Enfin les uns se sont édifiés pendant la période éocène, les

autres ne datent que du commencement de la période pliocène.

Les soulèvements en voûte du Jura nord-occidental présentent dans leur allure et leur configuration une plus grande régularité. Ils ne sont pas placés les uns à côté des autres et, par conséquent, ils ne sont pas gênés mutuellement dans leur développement. Leurs dimensions, dans le sens de la largeur, sont moins considérables.

Les soulèvements en voûte du Jura oriental ont de plus grandes dimensions et un relief plus prononcé ; les strates dont ils se composent présentent des courbures plus fortes, plus variées, plus irrégulières ; presque toujours ils sont juxtaposés de manière à s'être gênés mutuellement au moment de leur formation. Ils se montrent en faisceaux dont les éléments sont parallèles entre eux ou se rencontrent sous des angles aigus ; ils sont sujets à se bifurquer. Des vals ou combes les séparent les uns des autres. On conçoit que leur allure générale, leur rapprochement, leur situation relative, l'action qu'ils ont exercée les uns sur les autres, aient fait naître l'idée de leur formation à la suite de pressions latérales.

Relations entre les failles et les soulèvements en voûte ; soulèvements hémiédriques. — D'après ce que nous avons admis, les failles du premier ordre et les soulèvements en voûte dn premier type ont une origine commune ; ils procèdent également de lignes de fracture existant préalablement à travers l'écorce terrestre. Ce qui permet aussi de leur reconnaître cette communauté d'origine, c'est que les failles et les soulèvements en voûte se confondent souvent sur une partie de leur trajet, pour donner naissance à des soulèvements hémiédriques ; c'est enfin leur répartition géographique et chronologique, la même pour eux.

Afin de nous rendre compte plus aisément des relations que l'on observe entre ces accidents stratigraphiques,

voyons comment la grande faille de Montfaucon se com-
porte, dans les environs de Besançon, par rapport aux soulèvements en voûte placés dans son voisinage.

Ceux de ces soulèvements en voûte qui ne rencontrent
pas la faille ont conservé leur autonomie et se sont édifiés dans
les conditions que nous avons indiquées. Mais deux ou trois
d'entre eux, notamment celui de Pugey, village situé à 8 kilomètres au sud de Besançon, rencontre la grande faille de
Montfaucon sous un angle aigu. Ce soulèvement en voûte, à
son origine, constitue une combe liasique avec crêt oolitique, nettement dessinée et parfaitement régulière. Mais
dès qu'il se trouve sur le trajet de la faille de Montfaucon,
son côté gauche, pour celui qui vient de Pugey, cesse brusquement comme si la faille avait opposé un obstacle insurmontable à son développement. Le côté droit, au contraire,
continue son trajet, accompagne la faille et se confond avec
elle en passant à l'état de soulèvement que nous appelons
hémiédrique, parce qu'il ne présente plus à l'observateur
qu'un de ses deux côtés. La faille et le soulèvement hémiédrique constituent un seul et même accident stratigraphique,
spécial au Jura nord-occidental.

Comment cet accident s'est-il produit ? En réalité, il y a
lieu de distinguer deux phénomènes successifs, séparés par
un intervalle de temps plus ou moins long.

Le premier phénomène est la formation d'une faille avec
ou sans dénivellement, mais sans grande modification dans
l'allure des strates qui, des deux côtés de la faille, con-
servent leur horizontalité ou ne sont que faiblement inclinées.

Le second phénomène a coïncidé avec l'apparition des
soulèvements en voûte du Jura nord-occidental dont le sol,
ce qui est important à noter, était déjà sillonné de failles
nombreuses ; à ces failles plus ou moins dénivelées, se rat-
tachaient des lignes de fracture ne se prolongeant pas
jusqu'à la surface du globe. Cela posé, voyons ce qui a dû se

passer lorsque les impulsions destinées à donner naissance aux soulèvements en voûte se sont manifestées.

Tantôt le soulèvement s'est édifié à la faveur d'une ligne de fracture préexistante n'atteignant pas la surface du sol ; grâce à cette circonstance, les strates superficielles ont pu, sans se rompre, s'infléchir d'une manière régulière et symétrique par rapport à une ligne médiane. Le soulèvement en voûte était complet et en quelque sorte holoédrique.

Tantôt la ligne de fracture préexistante arrivait jusqu'à la surface, ce qui revient à dire qu'elle formait déjà une faille ; alors la cause, quelle qu'elle soit, qui avait pour résultat l'édification d'un soulèvement en voûte, intervenait en même temps comme agent de dénivellation. Cette cause n'agissait que sur un côté de la faille, celui précisément auquel elle imprimait une impulsion ascendante ; de ce côté seulement, les strates prenaient la structure d'un soulèvement en voûte ; mais celui-ci ne pouvait qu'être hemiédrique.

Il s'en faut de beaucoup que toutes les failles du Jura nord-occidental présentent la structure particulière dont nous venons de faire une description sommaire. Les faits que nous avons constatés s'observent surtout dans les trois failles importantes de la région : celle de Montmahoux qui va de Salins à Mouthier ; celle de Montfaucon qui passe auprès de Besançon, et celle de Châtillon-le-Duc qui accompagne le côté gauche de la vallée de l'Ognon.

Dans ces trois grandes failles, c'est le côté sud qui s'est exhaussé, et c'est aussi de ce côté que se placent les soulèvements hémiédriques. Seulement ceux-ci ne sont pas toujours aussi nettement dessinés que dans l'exemple que nous avons cité en parlant de la combe liasique de Pugey. Mais on y constate toujours l'existence d'un affleurement liasique supportant un crêt oolitique auquel succèdent, en se plaçant à des distances plus ou moins grandes les unes des autres, les divers étages de la série jurassique.

Dans les grandes failles accompagnées d'un soulèvement

hémiédrique, on observe du côté opposé à celui où se montre le soulèvement, un accident stratigraphique désigné sous le nom de « plissement en V ». Cet accident ne se rattache d'ailleurs par aucune relation directe au soulèvement hémiédrique. Il se trouve toujours placé du côté de la faille qui s'est affaissé ou qui est resté immobile tandis que le côté opposé était soulevé. Dans un cas et dans l'autre, les strates entraînées par le côté en voie d'exhaussement ont été d'abord redressées jusqu'à la verticale, en quelque sorte retroussées, puis renversées sur elles-même de manière à dessiner un V. La branche horizontale du V correspond, pour une même strate, à la partie restée à l'abri de tout déplacement, tandis que la branche redressée a seule obéi à l'action exercée sur elle par le côté ascendant de la faille ; celui-ci a agi absolument comme le fait une charrue qui, en traçant un sillon, rejette à droite et à gauche les mottes de terre en les renversant quelquefois sur elles-mêmes.

Les plissements en V n'affectent que les strates superficielles ; les phénomènes d'érosion les ont fait disparaître dans un grand nombre de cas. Ils sont l'image, sur une très petite échelle, des grands ploiements des Alpes calcaires ; les uns et les autres se sont produits dans les mêmes conditions et probablement à la même époque.

La condition nécessaire pour qu'il y ait eu formation d'un plissement en V est, comme pour les soulèvements hémiédriques, l'existence préalable d'une faille à fort rejet ; il en résulte que ces plissements ne peuvent être observés que dans le Jura nord-occidental. L'exemple le plus remarquable que l'on puisse citer d'un plissement en V est celui de Chapelle-des-Buis, près de Besançon.

CHAPITRE II

TOPOGRAPHIE, HYDROGRAPHIE, INFLUENCE DES AGENTS EXTÉRIEURS SUR LE RELIEF DU SOL.

Influence des agents extérieurs sur le modelé du sol. — La constitution topographique du Jura, comme celle de toutes les contrées, est, dans une large mesure, la traduction de ce qui se passe dans l'intérieur de l'écorce terrestre et à une profondeur plus ou moins grande au-dessous de la surface du globe. Elle est notamment en relation avec les accidents stratigraphiques que nous venons de décrire, c'est-à-dire avec les failles et les soulèvements en voûte.

Mais les agents atmosphériques reprennent en sous-œuvre le travail des forces souterraines ; ils interviennent pour une large part dans l'ensemble des phénomènes et des diverses circonstances qui impriment au modelé du sol et aux lignes du paysage l'aspect qui les caractérise. Leur influence se manifeste partout de la même manière, mais leurs effets varient avec l'altitude des points sur lesquels ils opèrent, les conditions climatologiques, la nature pétrographique des roches, leur structure et leur stratification.

Les eaux à l'état de ruisseaux ou de rivières, de pluie ou de vapeur répandue dans l'atmosphère, achèvent le travail des forces intérieures. Les agents atmosphériques fonctionnent d'une manière incessante pour modifier le relief du sol et la forme des montagnes. Les alternatives de sécheresse et d'humidité, de gel et de dégel, bien d'autres causes encore, divisent les masses rocheuses en menus fragments anguleux qui s'accumulent à la base des talus ; c'est ainsi que se forment les éboulis, comparables aux plâtras qui s'amassent au pied des vieilles murailles après chaque hiver.

Dans leur œuvre de destruction les agents atmosphériques opèrent une sorte de triage entre les éléments siliceux et les éléments calcaires lorsque ceux-ci entrent simultanément dans la composition d'un même terrain. L'étage corallien inférieur renferme, en Franche-Comté, des chailles qui restent en place longtemps après que le calcaire qui les contenait a disparu. Elles sont disséminées à la base des talus oxfordiens qui supportent le calcaire corallien. Sur d'autres points, des traînées de chailles indiquent l'emplacement qui, à une époque plus ou moins éloignée, était occupé par les terrains oxfordien et corallien.

Les roches marneuses, ordinairement friables et peu cohérentes, sont facilement entraînées par les eaux. Les terrains qu'elles constituent, lorsqu'ils sont disposés horizontalement, prennent des formes arrondies et présentent des mamelons séparés par des ravins. Lorsque ces terrains sont en pente, le ravinement s'opère d'une manière plus rapide ; parfois même, après les fortes pluies, il se produit des glissements de masses marneuses plus ou moins considérables. Quelquefois des lambeaux des roches calcaires placés au-dessus des roches marneuses, accompagnent celles-ci dans leur déplacement. Ces glissements, qu'on ne saurait comparer, à cause de leur faible importance, à ceux qui se produisent dans les Alpes, se manifestent surtout dans les marnes liasiques du Jura nord-occidental.

Sur les plateaux, les agents extérieurs déterminent, à la suite de longs siècles géologiques, des phénomènes d'ablation ; ils exercent une sorte de rabotage qui a pour effet d'enlever, les unes après les autres, les nappes correspondant à chaque terrain. Suivant que cette œuvre de destruction est plus ou moins avancée, le sol des plateaux secondaires du Jura appartient au terrain oolitique inférieur, au terrain corallien ou à l'oolite supérieure.

Les eaux superficielles interviennent encore en burinant le sol et en creusant des vallées d'érosion, comme celle de la Loue, entre Mouthier et Ornans ; ils élargissent et approfondissent les vallées dont l'origine première est une crevasse due aux actions dynamiques qui se sont manifestées dans la masse du Jura. Le meilleur exemple que nous puissions donner de ces vallées de dislocation ainsi agrandies par les agents d'érosion est celle que parcourt la Bienne et au fond de laquelle sont situées les villes industrielles de Saint-Claude et de Morez.

Les agents atmosphériques ont toujours une tendance à imprimer à chaque montagne une forme plus ou moins conique. Certaines circonstances favorisent cette tendance; d'autres la contrarient. Les circonstances favorables résultent: 1º de l'altitude de la montagne ; 2º de sa constitution pétrographique; 3º de l'allure de la stratification.

C'est vers les hautes régions, surtout dans les Alpes, que les circonstances sont le plus favorables à l'influence destructive des agents atmosphériques ; c'est alors que les montagnes prennent non seulement la forme conique, mais aussi celles d'aiguilles et de pics plus ou moins élancés. Dans les Alpes, les débris accumulés au pied de chaque sommet sont facilement entraînés par les torrents ; ils ne restent pas longtemps sur la place où ils s'étaient accumulés et où ils retardaient l'œuvre de destruction. C'est au-dessus de 2,000 mètres d'altitude que les agents atmosphériques opèrent avec énergie ; or l'altitude moyenne du Jura est bien inférieure à 2,000 mètres; les plus hauts sommets ne l'atteignent même pas. De là l'allure calme et tranquille des lignes du paysage dans le massif jurassien.

Une roche homogène sous le rapport de sa composition minéralogique, de sa structure et de sa dureté, dépourvue de stratification et de plans de clivage, prendra facilement la forme d'un cône plus ou moins aigu. Ces roches existent dans le terrain primitif et dans les masses éruptives ; il n'y en a pas dans le Jura, qui est exclusivement formé de roches marneuses et de roches calcaires qui subissent avec facilité l'action destructive que les agents atmosphériques exercent chimiquement et mécaniquement sur elles.

La stratification intervient également dans le phénomène que nous avons en vue en le favorisant lorsque les strates sont plus ou moins redressées, mais en agissant dans un sens contraire lorsqu'elles sont horizontales ou faiblement inclinées. Or, dans le Jura, ce n'est que dans des cas exceptionnels et toujours dans de minimes proportions que la stratification se montre verticale. Nous citerons, comme étant dans ce dernier cas, les rochers d'Arguel, près de Besançon et les assises de calcaire corallien qui, dans le Jura nord-oriental, accompagnent les soulèvements en voûte.

Les roches calcaires sont divisées en parties distinctes non seulement par les plans de stratification, mais aussi par des fentes et des lignes de clivage ordinairement perpendiculaires à la surface des bancs. Grâce à ces lignes de clivage, les strates, lorsqu'elles sont soumises par leur tranche à l'influence des agents atmosphériques, sont coupées par des plans disposés perpendiculairement par rapport à la stratification. Si les strates sont horizontales, la roche se montrera découpée en fragments prismatiques plus ou moins réguliers et toujours placés verticalement. Si, en outre, un massif calcaire a une épaisseur considérable, on verra se dresser devant soi une gigantesque muraille. Dans le Jura, un des meilleurs exemples de cette disposition se trouve à Baume-les-Messieurs, dans la vallée de la Seille. Ce site, un des plus pittoresques du Jura, est l'image, très réduite il est vrai, de quelques-uns de ceux que l'on admire dans les Alpes.

Si les strates sont inclinées ou verticales, elles détermineront des accidents topographiques d'un tout autre aspect, comme nous le dirons dans les pages suivantes.

Influence des alternances d'assises marneuses et d'assises calcaires sur le relief du sol et les lignes du paysage. — Le profil des divers accidents topographiques du Jura nous montre des lignes tantôt obliques, tantôt verticales ou horizontales. Les lignes verticales et les lignes horizontales correspondent aux terrains calcaires, les lignes inclinées par rapport à l'horizon correspondent aux terrains marneux ; le degré de déclivité de celles-ci est en rapport avec la friabilité plus ou moins grande des marnes.

Sous l'influence des agents atmosphériques, les alternances d'assises marneuses et d'assises calcaires prennent, dans le cas où la stratification est horizontale, la forme de collines tabulaires avec soubassement marneux et chapiteau calcaire. Tantôt le soubassement appartient au lias, et alors le chapiteau est constitué par l'oolite inférieure (Pouilley-les-Vignes, près Besançon) ; tantôt le soubassement est oxfordien, et alors le chapiteau appartient au calcaire corallien (Montrond. dans le département du Doubs ; le mont Rivel, près de Champagnole). Cette disposition s'observe également soit sur les flancs d'un plateau, soit sur les bords d'une vallée d'érosion, comme celle de la Loue, entre Mouthier et Ornans.

Supposons que la masse calcaire, qui détermine la forme tabulaire dont il vient d'être question, cesse d'être horizontale et subisse un mouvement de bascule ; supposons, en outre, que cette masse calcaire prenne une inclinaison de 45 degrés environ ; elle se présentera sous un autre aspect. Elle constituera un cône dessiné par les deux lignes qui, dans la forme tabulaire, étaient l'une horizontale et l'autre verticale ; elles seront inclinées toutes les deux, mais leur degré d'inclinaison ne sera pas le même. Le cône sera toujours irrégulier, car la forme conique parfaitement régulière est le propre des montagnes volcaniques. Des montagnes offrant la disposition que nous venons d'indiquer s'observent fréquemment sur les côtés des soulèvements en voûte ; qu'il nous suffise de citer comme exemples, dans le haut Jura, la dent de Vaulion et l'Aiguille de Baulmes.

Si le mouvement de bascule continue, les strates finiront par devenir verticales ; dans ce cas leur silhouette dessinera une crête plus ou moins déchiquetée.

Les soulèvements en voûte au point de vue topographique. — La manière dont les assises marneuses et les assises calcaires interviennent, par leurs alternances, pour imprimer quelquefois au sol son relief caractéristique, s'observe surtout dans les soulèvements en voûte dont nous nous sommes occupé en les considérant d'abord comme des accidents purement stratigraphiques ; nous allons maintenant en dire quelques mots en nous plaçant à un point de vue topographique. Ici nous constaterons l'action concomittante des trois causes intervenant pour imprimer au sol de chaque contrée le modelé qui le caractérise : les forces intérieures, les agents extérieurs ou atmosphériques et la nature des terrains.

D'après ce que nous avons dit précédemment, la formation d'un soulèvement en voûte sous l'impulsion des forces intérieures, est ordinairement accompagnée de l'apparition d'une crevasse qui est placée au sommet de la voûte et que les agents atmosphériques sont appelés à agrandir de plus en plus. Si l'on n'avait, dans ce phénomène, qu'à tenir compte de cette circonstance sans avoir à se préoccuper de la nature du terrain, cette crevasse se présenterait sous la forme d'une cavité plus ou moins profonde et plus ou moins irrégulière, où l'on n'aurait à signaler rien de particulier. Mais les alternances d'assises marneuses et d'assises calcaires, en amenant au jour des terrains qui diffèrent par leur composition pétrographique, impriment aux soulèvements en voûte, quel que soit le type auquel ils appartiennent, une structure spéciale dont nous allons essayer de donner une idée en peu de mots.

Prenons pour exemple un point où le calcaire corallien occupe la surface du sol. Si la crevasse ne va pas au delà de ce terrain, on aura une *voûte corallienne*. Si les masses oxfordiennes sont mises à découvert, on aura une *combe oxfordienne* entourée d'un *crêt corallien*. Le même phénomène persistant, on a successivement : 1º une *voûte ooli-*

ique, avec deux *demi-combes oxfordiennes* placées de chaque côté de la voûte et surmontées d'un crêt corallien ;
° une *combe liasique* ou *keupéro-liasique*, avec crêt ooli-
que, deux demi-combes oxfordiennes surmontées d'un crêt
corallien ; 3° enfin, l'apparition du muschelkalk, et, par suite,
celle d'une *voûte conchylienne* ; Thurmann cite le Rœthi-
uh comme présentant l'origine d'un soulèvement de ce
dernier ordre. (Voir *Jura franc-comtois, Deuxième Etude.*)

Les soulèvements en voûte diffèrent entre eux par leurs
dimensions et leur configuration générale. Ils constituent
ordinairement des protubérances allongées dont les diverses
parties dessinent à la surface du sol des zones ellipsoïdales
qui apparaissent alternativement en relief et en creux. Quand
le grand axe de l'ellipse devient à peu près égal au petit
axe, le soulèvement en voûte se change en soulèvement en
dôme.

Pour compléter cette description sommaire, ajoutons que
des fentes ou crevasses coupent ordinairement les soulèvements en voûte dans un sens perpendiculaire au grand axe.
On les distingue sous le nom de *ruz* lorsqu'elles ne se montrent que sur un des côtés du soulèvement en voûte, et sous
celui de *cluses*, lorsqu'ils le traversent complètement de
part en part.

Les cluses et les ruz n'étaient à l'origine que de simples
fentes ou cassures qui ont été progressivement élargies par
les agents atmosphériques et les cours d'eau. Ils constituent
des accidents très pittoresques que le touriste aime à visiter
et que le géologue met à profit pour étudier la structure
du pays. Comme exemples de cluses, nous citerons, dans le
Jura nord-occidental, les cluses de Rivotte et de Tarragnoz,
Besançon, à la faveur desquelles le Doubs franchit deux
fois le soulèvement en voûte de la citadelle. Dans le Jura
oriental, les cluses sont très nombreuses et présentent un
très grand développement ; quelquefois elles appartiennent
des soulèvements en voûte différents et se placent les unes

à la suite des autres ; telle est l'origine des célèbres gorges
de Moutier.

**Structure caverneuse du Jura; travail des eaux souter-
raines.** — La structure caverneuse du Jura est en relation
avec sa constitution pétrographique. Les roches calcaires
offrent de nombreuses fentes ou fissures que les eaux pluviales, en s'infiltrant dans le sol, élargissent de plus en plus.
Sur certains points, elles finissent par les transformer en
véritables ouvertures quelquefois assez grandes pour absor-
ber les ruisseaux dont le cours se trouve ainsi subitement
interrompu ou plutôt transformé; le cours d'eau était superficiel, il devient souterrain, et alors il donne naissance à
des phénomènes géologiques d'un ordre particulier.

Les roches calcaires et les roches marneuses ne peuvent
résister indéfiniment à l'action destructive des cours d'eau
souterrains qui agissent sur elles chimiquement et mécaniquement. L'action délayante exercée par eux sur les marnes
se comprend aisément; on s'explique aussi l'action chi-
mique que l'acide carbonique contenu dans les eaux souterraines fait subir aux calcaires. Par suite de cette érosion
lente, mais incessante, des vides se produisent à chaque instant dans les roches jurassiennes ; ils augmentent conti-
nuellement en nombre et en étendue ; ils finissent même
par se souder les uns aux autres et par former de véritables
canaux souterrains. Il en résulte pour la masse intérieure
du Jura une structure caverneuse qui réagit sur la configuration du sol et amène à la surface des accidents bien variables sous le rapport de leur aspect et de leur importance.

Rappelons d'abord les grottes, les cavernes, les emposieux
ou puits absorbants. Citons encore les cavités en forme d'en-
tonnoir que l'on rencontre fréquemment sur le trajet des
failles et qui présentent une grande régularité lorsque leur
orifice est de nature marneuse. Ces ouvertures se rencon-

trent également sur les points où les strates, d'abord horizontales, en se redressant brusquement pour former un soulèvement en voûte, ont subi une cassure lorsque leur limite
d'élasticité a été atteinte.

Les vides souterrains, en prenant des dimensions de plus
en plus considérables, s'effondrent en totalité ou en partie ; ils déterminent ainsi à la surface du sol des dépressions,
dont quelques-unes, à cause de leur régularité et de leur
forme, ont reçu le nom de « cavités cratériformes ». Ces
cavités présentent quelquefois de très grandes dimensions et reçoivent alors le nom de « creux » ; tel est le cé-
lèbre Creux du Vent.

C'est à des effondrements successifs se manifestant un
peu partout, tantôt sur un point, tantôt sur un autre, qu'on
doit attribuer les ondulations de terrains qui empêchent les
plateaux du Jura de présenter une surface régulièrement
plane. C'est aussi à ces effondrements qu'il faut rattacher
par leur origine les « bassins fermés » si répandus dans le
Jura franc-comtois. Dans ces bassins, disposés en forme de
cuvette, les eaux pluviales et les ruisseaux, au lieu de prendre leur écoulement à la surface du sol, disparaissent à la
faveur des gouffres et des puits absorbants.

Les cavités superficielles, les vallées sèches et les vallées
d'effondrement constituent les divers degrés d'un seul et
même phénomène. Une cavité superficielle correspond à
une cavité effondrée ; une vallée sèche se superpose à une
suite de cavités effondrées, correspondant ordinairement à
un cours d'eau souterrain qui se termine par une source plus
ou moins apparente ; supposons que ce cours d'eau souterrain finisse par entraîner les fragments de roche qui le ca-
chent aux yeux de l'observateur, on se trouvera en présence
d'une vallée d'effondrement.

L'idée des vallées d'effondrement a été introduite dans la
science par Fournet ; il les définissait de la manière sui-
vante : « Elles présentent des caractères assez exception-

nels pour qu'il soit impossible de les faire entrer dans les groupes des vallées de dislocation et des vallées d'érosion superficielle. Limitées latéralement par des parois très abruptes, elles sont terminées vers le haut par une sorte de cirque escarpé, sans issue. Il faut ajouter que l'amphithéâtre de ces sortes de vallées est muni d'une source volumineuse, du genre de celles que l'on peut désigner sous le nom de fontaines vauclusiennes. »

Fournet cite comme exemples de vallées d'effondrement la vallée de l'Orain, à Poligny, qui se termine par un amphithéâtre appelé Culée de Vaux ; la culée de Gizia, près de Cousance ; la vallée de la Seille, à Baume-les-Messieurs. Nous citerons encore la vallée de la Loue, au-dessus de Mouthier.

Hydrographie ; rôle des nappes aquifères, des failles et des cavités souterraines. — Les faits fondamentaux sur lesquels est basée l'étude du régime hydrographique souterrain d'une contrée quelconque, et notamment du Jura, sont au nombre de quatre : 1° La manière dont les roches perméables et imperméables sont disposées les unes par rapport aux autres ; 2° l'allure de la stratification ; 3° l'influence des failles ; 4° la structure plus ou moins caverneuse du sol.

Une roche perméable superposée à une roche imperméable constitue un *horizon* ou un *niveau aquifère* dont l'importance dépend surtout de l'étendue et de l'épaisseur de la couche perméable. Celle-ci constitue une nappe d'alimentation où l'eau circule jusqu'à ce qu'elle rencontre la roche imperméable sous-jacente.

Dans le Jura, les niveaux aquifères ainsi définis correspondent aux marnes liasiques et aux marnes oxfordiennes ; les assises marneuses de l'oolite supérieure et du terrain néocomien ne jouent qu'un rôle secondaire. Les nappes d'absorption sont fournies par les massifs calcaires superposés aux horizons marneux. Ces calcaires ne sont pas per-

méables en petit comme les grès, mais ils sont perméables
en grand par suite des cavités et des nombreuses fissures
qu'ils présentent.

Le mode de circulation de l'eau dans l'intérieur du sol
ainsi que le mode d'émergement des sources dépendent
principalement de la nature des roches perméables. Dans les
pays dont le sol est constitué par des roches perméables en
petit, les sources sont très nombreuses, mais n'ont qu'un
faible débit. Dans les pays à roches perméables en grand,
c'est-à-dire dans les pays à sol calcaire, les sources sont
rares, mais la masse de leurs eaux est souvent considérable ;
elles appartiennent au type des sources vauclusiennes.

Les eaux pluviales, après avoir pénétré dans l'intérieur
des massifs calcaires, y circulent aisément en passant d'une
cavité à une autre ; elles finissent par former ainsi de véritables rivières souterraines. Dans ce cas, une source de
quelque importance n'est souvent que le point où cette rivière coule à découvert.

Il arrive assez fréquemment qu'un cours d'eau, après avoir
pris naissance dans les conditions que nous venons d'indiquer, disparaisse de nouveau, soit d'une manière définitive,
soit pour se montrer une autre fois après un trajet plus ou
moins court. Ce qui se produit dans ce dernier cas donne
lieu à divers accidents tels que la perte du Rhône (avant
qu'on n'eût modifié l'ancien état de choses), la perte de la
Valserine, la perte de l'Ain, etc. L'Orbe a sa source au lac
des Rousses ; après avoir parcouru la vallée de Joux, elle se
jette dans le lac de ce nom, mais à l'extrémité de ce lac,
dans la partie qui porte le nom de lac Brenet, les eaux disparaissent dans des cavités souterraines et vont alimenter
ce que l'on appelle la source de l'Orbe, source qui se trouve
en contrebas de 220 mètres par rapport au lac d'où elle provient. Citons encore la source du Lison, près de Nans-sous-
Sainte-Anne (Doubs) ; ce cours d'eau prend sa source dans
les marnes oxfordiennes, près du village de Montmarlon,

ensuite il se perd dans un puits situé près de ce village ; mais si les eaux sont un peu fortes, ce puits ne peut les recevoir toutes et alors le ruisseau reprend son cours. Le même phénomène se reproduit plusieurs fois et, au moment des fortes pluies, le Lison se précipite avec fracas dans une cavité profonde de près de 100 mètres, appelée *puits Billard,* et disparaît une dernière fois ; c'est après un trajet de 400 mètres que le ruisseau coule à découvert en formant une des plus belles sources du Jura , mais dans ce moment il est devenu une véritable rivière, grâce aux affluents souterrains qu'il a reçus. Nous ne prolongerons pas ces citations ; il n'est pas dans le Jura de localité qui ne présente des accidents hydrographiques plus ou moins semblables à ceux dont nous venons de mentionner des exemples.

Quant aux failles considérées dans leurs relations avec le régime hydrographique souterrain, nous rappellerons qu'on les compare souvent à d'immenses conduits collecteurs. C'est là une opinion que nous avons longtemps adoptée, mais que nous croyons devoir ne plus admettre d'une manière absolue. Lorsque, dans le Jura nord-occidental, on compare la répartition des failles et celle des grandes sources, on voit qu'il n'y a pas de relations entre elles ; du moins, ces relations ne sont qu'apparentes. Nous ne nions pas que les failles ne fonctionnent pas comme conduits collecteurs, mais ce n'est que dans de faibles proportions. En réalité, leur intervention est indirecte en ce sens qu'elle se manifeste parce qu'elle favorise la formation des cavités dont il vient d'être question.

QUATRIÈME PARTIE

HISTOIRE GÉOLOGIQUE DU JURA ; LE MASSIF JURASSIEN
PENDANT LES PÉRIODES TERTIAIRE ET QUATERNAIRE.

———

Considérations préliminaires. — L'histoire géologique du
Jura peut se diviser en deux parties bien distinctes non seulement au point de vue chronologique, mais aussi sous le
rapport des phénomènes et des événements étudiés dans
chacune d'elles.

La première partie est réservée à la longue série de siècles
géologiques qui commence avec le dépôt des plus anciens
terrains sédimentaires et finit avec la période crétacée. Pendant cet intervalle de temps, l'histoire géologique du Jura
est celle du bassin jurassien considéré dans son ensemble.
Le géologue, en étudiant chacune des mers qui l'ont occupé,
recherche quels étaient ses rivages, son étendue, sa profondeur, la direction des courants, la nature du sol sous-
marin, l'état de calme ou d'agitation des eaux, etc.; il se livre
aussi à l'examen des êtres organisés qui l'ont habité et dont
il retrouve les débris dans les sédiments qu'elle a reçus ;
ce qui le préoccupe surtout, c'est la répartition de ces débris
dans le sens vertical et dans le sens horizontal.

Cette étude conduit le géologue à reconnaître l'ordre de
superposition des terrains dont se compose le Jura ainsi que
leurs caractères pétrographiques et paléontologiques ; elle le
conduit aussi à retrouver la trace et la succession des événements et des changements qui se sont accomplis à des
époques plus ou moins éloignées, alors que le massif jurassien n'existait pas encore.

Les limites de cette Notice ne nous permettent pas d'aborder, même pour le résumer, le travail auquel nous venons de faire allusion ; nous nous en tiendrons aux considérations géogéniques qui ont trouvé place dans les chapitres précédents.

La connaissance de ce qui s'est passé dans le bassin jurassien, pendant les temps antérieurs à la période tertiaire, nous renseigne sur la nature et l'ordre de superposition des matériaux dont est formé l'édifice que constitue le Jura. Mais elle ne nous dit pas comment cet édifice est sorti de ses fondements et s'est peu à peu élevé au-dessus des régions voisines ; elle ne nous dit pas quels en ont été les architectes, quel plan ils ont suivi et à quelle époque ils se sont mis à l'œuvre. C'est dans la seconde partie de l'histoire géologique du Jura que se trouvent les réponses à ces diverses questions.

L'histoire orogénique du Jura, c'est-à-dire l'histoire de la formation du Jura considéré comme massif montagneux, commence à peu près avec la période tertiaire. C'est cette histoire orogénique que nous allons essayer de résumer dans les pages suivantes.

Période éocène ; premier soulèvement du Jura ; apparition, dans le Jura nord-occidental, des failles, des soulèvements en voûte du premier type et des soulèvements hémiédriques. — Plaçons-nous d'abord à un point de vue général et constatons le caractère essentiel des phénomènes et des événements qui ont marqué les derniers temps de la période éocène en France et dans les régions voisines. Aussitôt après le dépôt du calcaire grossier de Paris et des sables de Beauchamp, a commencé une période géologique très nettement caractérisée par le réveil des phénomènes et des actions de tout ordre qui ont leur siège, leur raison d'être ou leur point de départ dans les profondeurs du globe. Sous l'impulsion des forces intérieures, le sol de la France subissait un émergement général ; sur certains points, des lacs venaient remplacer les mers disparues. Le mouvement orogénique se manifestait par le soulèvement définitif des Pyrénées ; le terrain nummulitique, dont le dépôt venait à peine de se terminer, était porté à l'altitude où nous le voyons constituer le massif du Mont-Perdu. De cette époque datent les premiers signes de l'activité volcanique avec les plus anciens épanchements basaltiques et trachytiques de l'Auvergne. En même temps l'action geysérienne, après une période de repos, fonctionnait avec une énergie suffisamment attestée par les amas de terrain sidérolitique que l'on rencontre dans un grand nombre de localités et par les gisements de phosphate de chaux du Quercy, de sel gemme de Cardona (Catalogne), de gypse de Montmartre et d'Aix en Provence, etc.

Que se passait-il dans la région jurassienne pendant que ces phénomènes s'accomplissaient dans des contrées plus ou moins rapprochées ?

Le Jura subissait une impulsion qui lui donnait pour ainsi dire naissance et coïncidait avec le commencement de son histoire orogénique. En même temps, par suite d'un mouvement de bascule qui caractérise toutes les actions dynamiques d'origine interne, le sol s'affaissait à l'ouest du Jura ; à la suite de cet affaissement, un lac venait occuper toute la région s'étendant de Gray jusque dans la Bresse et correspondant à peu près au bassin actuel de la Saône.

Ce premier soulèvement du Jura, sans le porter à son altitude actuelle, s'est effectué de manière à lui imprimer de prime-abord son caractère essentiel, celui de constituer un plateau. Pourtant les forces intérieures n'ont pas agi avec la même énergie dans toute l'étendue du Jura ; c'est surtout dans la zone nord-occidentale que se trouvait leur centre d'action. Là, sous leur influence, le sol se déchirait en quelque sorte sur un grand nombre de points et le réseau des failles se dessinait d'une manière progressive. Le mouvement orogénique donnait ensuite origine aux soulèvements en voûte du premier type et, peu après, aux soulèvements hémiédriques. La formation de ces divers accidents stratigraphiques et topographiques était complète dès la fin de la période éocène ; dès lors, le Jura nord-occidental avait la configuration qui le caractérise aujourd'hui.

Pendant que ces phénomènes d'ordre dynamique s'accomplissaient dans le Jura, celui-ci ne ressentait sur aucun point les effets de l'activité volcanique qui n'était encore qu'à son début. Mais, sur la majeure partie de son étendue, l'action geysérienne se manifestait avec énergie par les phénomènes sidérolitiques sur lesquels nous allons porter notre attention.

Phénomènes sidérolitiques de la période éocène. — Sous le nom de *terrain sidérolitique*, on désigne des amas d'argile et de pisolites ferrugineuses remplissant des cavités dont la forme est très variable et très irrégulière. Ces cavités ont été, à l'origine, des failles, des fentes ou fissures plus tard considérablement agrandies par les eaux corrosives qui les ont parcourues. Leur mode de formation les rapproche beaucoup plus des grottes que des fentes filoniennes.

Le phénomène des éruptions sidérolitiques avait évidemment son siège à une grande profondeur. Les eaux qui jaillissaient pendant ces éruptions possédaient une température très élevée ; elles ont corrodé et altéré les parois des conduits par où elles passaient ; elles devaient leur acidité soit à l'acide carbonique, soit à l'acide sulfurique provenant de la décomposition des pyrites. L'argile et la silice résultaient de la décomposition et de la désagrégation des roches rencontrées par les eaux sidérolitiques. Le fer était apporté à la suite d'une action geysérienne très intense ; mais ce qu'on sait sur les phénomènes d'oxydation qui s'accomplissent à la surface du globe ne permet pas de douter qu'il ne fût amené très près de la surface du globe à l'état de sulfure.

Quel était le caractère général des éruptions sidéroliiques? Si on les compare à ce qui se passe de nos jours, on reconnaîtra qu'elles étaient tout à la fois des geysers, des sofiioni, des volcans boueux et des sources saturées de fer. Si on les compare à ce qui s'est passé pendant les temps géologiques, on les rattachera au jaillissement des sources pétrogéniques et au phénomène des filons. Pour exprimer, en peu de mots, les analogies et les différences qui existent entre ces phénomènes, nous dirons que le jaillissement des eaux sidérolitiques a été, par rapport à celui des eaux filoniennes, ce que les éruptions volcaniques sont par rapport aux éruptions plutoniques. Ce qui corrobore cette manière de voir, c'est que les éruptions sidérolitiques ont commencé à se manifester précisément vers le moment où les phénomènes volcaniques proprement dits ont commencé à fonctionner.

Les gisements de terrain sidérolitique, dans le Jura, appartiennent à la période éocène supérieure ; il en est du moins ainsi pour les gisements qui ont été exploités aux environs de Montbéliard, d'Audincourt, d'Héricourt et de Belfort. Ceux-ci se prolongent jusqu'en Suisse ; à Mauremont (Vaud) et à Soleure, ils renferment des débris de *Palæotherium*, ce qui indique bien leur âge.

Dans le Jura bisontin, les cheminées sidérolitiques sont très nombreuses ; il n'est pas de tranchée de chemin de fer ou de route qui n'en mette à découvert ; quelques-unes renferment des amas et des blocs de carbonate de chaux pathique ; d'autres fois elles sont vides et leurs parois présentent des cannelures indiquant le passage d'eaux chaudes et acidules alimentant des sources thermales.

Les faits que nous venons de rappeler démontrent que, pendant les derniers temps de la période éocène, le Jura nord-occidental a été le théâtre de phénomènes d'une grande énergie, les uns d'ordre dynamique, les autres de nature geysérienne. Les uns et les autres devaient être accompagnés de secousses séismiques plus ou moins violentes qui ont certainement contribué à donner aux strates du terrain jurassique leur structure plus ou moins fracturée.

Période miocène ; retrait de la mer de la mollasse ; émergement définitif du bassin jurassien. — Pendant la période miocène, le Jura paraît avoir été laissé dans un calme complet par les forces souterraines. Il n'a pas subi de modifications importantes dans sa configuration générale et son relief. Il n'a pas cessé de former une presqu'île se rattachant au massif vosgien, disposée en plateau et s'avançant entre deux dépressions occupées, à la suite de faibles oscillations du sol, tantôt par des mers, tantôt par des lacs, qui empiétaient de temps à autre sur le futur emplacement du Jura, ainsi que nous l'avons déjà dit.

Dans tout le bassin jurassien, on ne rencontre aucun dépôt marin postérieur à la période miocène ; et comme pendant cette période les eaux marines recouvraient la plaine helvétique, la partie orientale du Jura et presque toute la région bressane, il faut en conclure que le bassin jurassien a obéi, vers la fin de la période miocène, à un mouvement ascensionnel général qui a eu pour conséquence l'émergement définitif de ce bassin et le retrait de la mer de la mollasse.

Lorsqu'on étudie l'histoire géologique d'une contrée quelconque, on voit, à des périodes de tranquillité, succéder d'autres périodes pendant lesquelles le sol est agité et tourmenté par les forces intérieures. Durant ces périodes de dislocation et de renouvellement, dont la durée, difficile à déterminer, est dans tous les cas relativement courte au point de vue géologique, de profonds changements sont introduits d'une manière plus ou moins brusque et plus ou moins violente dans la constitution topographique de cette contrée.

C'est ainsi que, dans le Jura, la période miocène a été une période de tranquillité comprise entre deux périodes d'agitation ; l'une dont il vient d'être question, correspond à la in de l'époque éocène ; l'autre, dont nous allons parler, appartient aux premiers temps de l'époque pliocène.

Pendant chacune de ces deux périodes d'agitation, le Jura n'a pas ressenti, sur toute son étendue et au même degré, l'influence des forces intérieures ; d'un autre côté, celles-ci n'ont pas fonctionné toujours de la même manière et n'ont pas déterminé l'apparition des mêmes phénomènes.

Des trois zones que nous avons distinguées dans le Jura, c'est la zone occidentale qui, pendant la première période d'agitation, a été à peu près la seule soumise à l'influence des forces souterraines ; c'est, au contraire, dans la zone orientale que ces forces ont agi lors de la seconde période d'agitation. Quant à la zone centrale, placée entre les deux autres, elle a été chaque fois le siège de phénomènes présentant les mêmes caractères que ceux qui s'accomplissaient à côté d'elle, mais se manifestant dans des proportions plus ou moins réduites.

Période mio-pliocène ; soulèvement définitif du Jura ; apparition dans le Jura oriental des soulèvements en voûte du second type. — A la fin de la période miocène, aussitôt après le retrait de la mer de la mollasse, le Jura a subi une deuxième impulsion qui lui a préalablement donné son altitude actuelle. Sa disposition en plateau n'a reçu d'autre modification que celle résultant de l'apparition du bourrelet montagneux qui forme la zone orientale. Ce bourrelet, avons-nous dit, est constitué par le groupement en un faisceau d'éléments parallèles correspondant aux soulèvements en voûte du second type; l'apparition de ceux-ci date, par conséquent, du commencement de la période pliocène.

Nous ne pensons pas qu'il se soit édifié de nouvelles failles dans le même moment ; mais celles qui existaient déjà dans la zone occidentale ont éprouvé, dans leur allure, un changement dont nous indiquerons la raison d'être dans le paragraphe suivant ; ce changement a eu notamment pour conséquence l'apparition des plissements en V dans le Jura bisontin.

Nous verrons tout à l'heure que les phénomènes qui viennent d'être énumérés n'ont été que la reproduction plus ou moins amoindrie de ceux qui atteignaient dans les Alpes des proportions grandioses.

Ces divers phénomènes reconnaissent, selon nous, une seule et même cause initiale. C'est une impulsion ayant eu son point de départ dans l'intérieur du globe et s'étant exercée, à la faveur de la matière fluide interne, contre la partie de l'écorce terrestre correspondant au Jura à la plaine helvétique et au massif alpin.

Mais l'unité de la cause ne s'est pas opposée à la variété des effets. Cette variété a été la conséquence de ce que les forces intérieures n'ont pas agi partout avec la même énergie ; elle a été encore déterminée par les différences que présentait la structure des parties de l'écorce terrestre soumises à l'influence des agents intérieurs.

L'action générale qui a donné naissance à ces divers phénomènes a été continue mais a subi plusieurs phases. Elle a débuté par un soulèvement de toute la contrée que nous considérons et a eu pour premier résultat le retrait de la mer miocène et l'émergement de la plaine helvétique. Une nouvelle impulsion a porté le Jura à une plus grande altitude et amené un plus fort dénivellement des failles. En dernier lieu s'est effectué l'apparition des soulèvements en voûte du Jura oriental et du bourrelet montagneux qu'ils constituent. Cette succession de phénomènes a commencé lorsque la mer au fond de laquelle le terrain miocène venait de se déposer a obéi à l'impulsion qui allait amener son émergement ; elle a fini lorsque ce même terrain s'est trouvé soulevé à la Combe d'Evoaz, près du crêt de Chalam, à l'altitude de plus de 1,200 mètres.

Nous avions d'abord pensé que cette période d'agitation avait eu un caractère violent et une faible durée géologiquenent parlant. Mais nous croyons devoir renoncer à cette opinion en tenant compte de ce fait que le terrain lacustre de la Chaux-de-Fonds appartient à l'étage pliocène inférieur (étage sahélien ou mio-pliocène), et a participé aux actions dynamiques qui ont présidé à la formation des soulèvements en voûte.

Relations géogéniques et chronologiques entre le Jura, d'une part, et, d'autre part, les massifs vosgien et alpin. — Au point de vue stratigraphique et topographique, les principaux caractères distinctifs des deux zones du Jura, consistent surtout dans le grand développement des failles pour la zone occidentale et des soulèvements en voûte pour la zone orientale. Or ces caractères sont en relation et pour ainsi dire en concordance, sous le rapport chronologique et géogénique, avec ceux que l'on observe dans les contrées respectivement voisines de chacune de ces zones : la région morvando-vosgienne pour la zone occidentale et le massif alpin pour la zone orientale.

Dans les Vosges, le département de la Haute-Saône et autour de la montagne de la Serre, les failles sont nombreuses et fortement prononcées ; elles se dirigent en moyenne du sud-ouest vers le nord-est. Cette même abondance de failles persiste dans la région qui s'étend depuis les Vosges jusque dans le Morvan et que nous désignons sous le nom de zone morvando-vosgienne. Cette région est caractérisée par sa structure faillée, due à une même cause et datant de la même époque, c'est-à-dire de la fin de la période éocène.

Si le Jura occidental reflète quelques-uns des caractères stratigraphiques de la zone morvando-vosgienne, le Jura oriental, avec ses nombreux soulèvements en voûte du deuxième type, reproduit quelques-uns des caractères de la constitution stratigraphique du massif alpin. Les actions dynamiques qui ont présidé à l'apparition des soulèvements en voûte du deuxième type ont constitué un phénomène qui a eu dans les Alpes son maximum d'énergie et qui s'est propagé jusque dans le Jura en perdant de son intensité et de son ampleur.

L'influence du massif alpin sur le Jura s'est encore manifestée d'une manière indirecte, pendant la période mio-pliocène, en modifiant l'allure des failles préexistantes. Au moment où ces failles se sont formées, c'est-à-dire vers la fin de la période éocène, le centre des actions dynamiques s'exerçant sur le Jura se trouvait, comme on vient de le voir, dans la zone morvando-vosgienne. Dans chacune de ces failles, c'est le bord placé du côté de la zone morvando-vosgienne qui s'était exhaussé. Mais, pendant la période mio-pliocène a eu lieu le second soulèvement du Jura, et l'impulsion qui a déterminé ce soulèvement a agi sur chaque point avec d'autant plus d'énergie que ce point était plus rapproché du massif alpin, de sorte que cette énergie allait en croissant du bord occidental du Jura vers son bord oriental. De là la disposition du massif jurassien en plan incliné vers l'ouest et vers le nord ; de là aussi la disposition en gradins des plateaux secondaires que les failles ont déterminé dans sa masse ; de là enfin l'allure des failles dont le bord placé du côté suisse est plus élevé que le côté opposé. On conçoit comment ce changement dans le dénivellement des failles a eu pour conséquence, dans le Jura bisontin, l'apparition des plissements en V, contemporains des grands plissements des Alpes. L'influence du centre d'action placé dans le massif alpin ne s'est pas fait sentir jusqu'à la Serre ; aussi la faille qui la limite du côté sud est-elle restée telle qu'elle était au moment de sa formation, c'est-à-dire que son bord placé du côté morvando-vosgien est plus élevé que l'autre.

Période pliocène ; passage à la période quaternaire. — Aussitôt après la période mio-pliocène, correspondant à l'étage pliocène inférieur ou étage sahélien, une nouvelle ère de tranquillité a commencé pour le Jura et a persisté jusqu'à nos jours. Un examen attentif de la structure du massif jurassien ne permet'pas, en effet, de retrouver la trace de mouvements du sol datant de la période pliocène proprement dite et de la période quaternaire ; le passage de la période pliocène à la période quaternaire n'a été marqué par aucune action dynamique de quelque importance. Tout au plus pourrait-on rattacher à l'influence des mouvements et des dislocations du sol, qu'Elie de Beaumont a personnifiés dans les systèmes des Alpes principales et de l'axe volcanique méditerranéen, la plus grande altitude et le relèvement que le Jura présente dans sa partie méridionale.

Quoi qu'il en soit, le Jura, au commencement de la période quaternaire, avait son altitude et sa configuration actuelles ; ses montagnes et ses vallées étaient déjà celles qui existent aujourd'hui. C'est alors qu'un événement d'un autre ordre que les phénomènes qui viennent d'attirer notre attention et se rattachant par son origine à des causes climatologiques, est survenu et a eu pour théâtre non seulement le Jura, les Alpes et les régions voisines mais toute la surface du globe. Cet événement a été l'apparition d'une période glaciaire.

Période glaciaire ; invasion du Jura par les glaciers alpins ; glaciers spéciaux au Jura. — Dès le commencement de la période quaternaire, sous l'influence du refroidissement progressif du climat, les glaciers, qui occupaient déjà les sommets les plus élevés des Alpes, ont pris une extension de plus en plus grande. Ils sont d'abord descendus dans les vallées et se sont ensuite réunis entre eux pour former des courants de plus en plus puissants qui se sont dirigés vers les plaines du pourtour des Alpes.

Le plus important des glaciers alpins a été le glacier du Rhône ; c'est aussi le seul qui se soit trouvé en relation avec le Jura et que nous ayons à considérer. Après avoir pris naissance dans le haut Valais et s'être accru de nombreux affluents, notamment de ceux qui s'alimentaient dans le massif du Mont-Rose, il s'étalait dans la plaine helvétique qu'il transformait en une immense mer de glace ; il gravissait le Jura et l'envahissait en passant par plusieurs dépressions que nous allons énumérer.

Un courant de glace pénétrait dans le val de Saint-Imier par Bienne et le défilé de la Suze ; arrivé à la Chaux-de-Fonds, il s'y rencontrait avec une autre courant qui passait par le Mont-Amin, la vallée du Pont et le plateau des Loges. Ces deux courants, une fois réunis, continuaient leur route vers les Brenets et allaient se confondre avec celui qui descendait de Pontarlier en suivant le Doubs. Un courant alpin a également pénétré dans le val de Travers, mais il n'a pu le franchir à cause de la résistance que lui a opposé un glacier jurassien se dirigeant en sens opposé.

Le plus important de ces courants glaciaires alimentés par le glacier du Rhône était celui qui s'engageait dans la vallée de l'Orbe. Il rencontrait d'abord, sur sa rive gauche, un glacier jurassien qui l'empêchait de prendre possession de la partie supérieure de cette vallée et, le faisant dévier à droite, l'obligeait à suivre la vallée de la Jougnenaz. A la Cluse, il recevait un affluent venant du col des Etroits, par Sainte-Croix. Enfin il atteignait Pontarlier et s'étalait ensuite en formant une nappe qui recouvrait tout le plateau se développant à l'ouest de cette ville jusqu'au Mont Poupet.

De la Dent de Vaulion au Grand Credo, une seule échancrure, celle des Rousses, s'est trouvée à une assez faible altitude pour livrer passage à un courant glaciaire ; mais, comme cette échancrure était peu profonde, la quantité de débris alpins qui ont pu, par cette voie, pénétrer dans le Jura a été insignifiante.

Le glacier du Rhône, après avoir envoyé dans le Jura les émissaires que nous venons de mentionner, contournait le massif du Reculet, mais il ne pouvait dépasser Châtillon de

Michaille parce que le glacier jurassien de la Valserine lui opposait un obstacle insurmontable. Il côtoyait ensuite la chaîne du Grand Colombier et s'engageait dans le défilé où passe le chemin de fer entre Culoz et Ambérieu. Pendant ce trajet, il pénétrait, vers le nord, dans les vallées comprises entre le Grand Colombier et l'Ain, tandis que, vers le sud, il recouvrait presque tout le massif du Molard de Don.

Quel était l'aspect du Jura au moment où les phénomènes glaciaires atteignaient leur maximum de développement? Des considérations, que nous croyons inutile de reproduire ici, permettent de penser que la limite des neiges perpétuelles se trouvait, dans le Jura méridional, à l'altitude de 600 mètres ; elle s'abaissait progressivement jusque dans le Jura septentrional où elle ne dépassait pas probablement l'altitude de 300 mètres. Si l'on tient compte de l'énorme puissance que le glacier du Rhône, accru des glaciers de l'Arve et de l'Isère, atteignait en contournant le Jura et en arrivant dans la plaine bressane, si l'on se rappelle en outre que les glaciers descendent toujours plus ou moins au-dessous de la région des neiges perpétuelles, on en conclura que, pendant la période glaciaire, le Jura disparaissait tout entier sous un immense linceul de neiges et de glaces.

Cette masse de glace n'était pas immobile ; celle des plateaux, en vertu de sa plasticité, s'écoulait avec une très grande lenteur vers les vallées ; elle s'y accumulait pour former de véritables rivières de glace obéissant à des mouvements soumis à des lois qu'on a constatées dans les glaciers alpins et qui ne sont autres que celles qui président au mouvement de l'eau dans les fleuves.

D'ailleurs, il s'en faut de beaucoup que toute cette glace provint des glaciers alpins. La limite de la zone où se rencontrent les débris de roches alpines coïncide avec les vallées du Dessoubre, de la Loue et de l'Ain. Ces vallées ont formé, en quelque sorte, des fossés que les glaciers des Alpes, même renforcés par les glaciers jurassiens, n'ont pu combler et franchir.

Le Jura avait ses glaciers spéciaux, c'est-à-dire ses glaciers exclusivement alimentés par la neige qui tombait sur le sol jurassien et ne charriant que des débris provenant de ce sol lui-même. Ces glaciers s'édifiaient dans les vallées du haut Jura où la masse de glace venue des Alpes ne pouvait atteindre; ils s'édifiaient aussi sur toute la partie du Jura située à l'ouest de la vallée de l'Ain et au nord des vallées de la Loue et du Dessoubre. Le massif jurassien pénétrant presque complètement dans la région des neiges perpétuelles, ceux-ci devaient exister sur tous les points où la configuration du sol rendait leur formation possible.

Retrait des glaciers; terrain erratique éparpillé; moraines et dépôts morainiques. — La période de refroidissement étant arrivée à son dernier terme, la température s'est progressivement élevée et les glaciers alpins se sont mis à opérer peu à peu leur retrait. En se retirant, ils ont laissé derrière eux, comme des témoins de leur ancienne extension, les débris qu'ils avaient charriés; nous allons dire quelques mots de leur dispersion.

Les environs du Mont-Poupet sont le point le plus éloigné où l'on rencontre des débris de roches alpines; à mesure que l'on se dirige vers l'est, ces débris, d'abord réduits au volume d'un caillou, deviennent de plus en plus nombreux et acquièrent des dimensions de plus en plus grandes. On les rencontre sur tout le vaste plateau qui s'étend depuis le Mont-Poupet jusqu'à Pontarlier; on les retrouve aussi dans la vallée de la Loue; le village de Mouthier-Hautepierre est situé sur une moraine en majeure partie formée de matériaux alpins; ceux-ci constituent à eux seuls la moraine de Pontarlier.

C'est à l'influence des glaciers alpins fonctionnant comme agents de transport qu'il faut rattacher la couche plus ou moins épaisse de sable et de boue glaciaires qui occupe le fond des tourbières du haut Jura et rend leur formation possible en retenant les eaux.

Les blocs erratiques disséminés sur le flanc oriental du Jura ont été transportés par le glacier du Rhône et peuvent être considérés, en se plaçant à un certain point de vue, comme ayant formé sa moraine frontale. Nous rappellerons que le bloc le plus élevé se trouve sur le flanc du Chasseron, vis-à-vis Yverdon, à l'altitude de 1440 mètres. De ce point, la ligne limitant l'altitude des blocs erratiques allait en s'abaissant vers le nord-est et le sud-ouest. Les dimensions des débris abandonnés par le glacier du Rhône sur le flanc oriental du Jura varient beaucoup depuis le grain de sable jusqu'à la Pierre-à-Bot dont le volume est de plus de 13.000 mètres.

Les débris charriés par les glaciers jurassiens n'étaient pas aussi volumineux que ceux que transportaient et que transportent les glaciers des Alpes. Cette différence tient d'abord à la nature de la roche encaissant les glaciers; au lieu de roches se détachant en blocs gigantesques et résistant par leur nature minéralogique aux agents de destruction, c'étaient, dans le Jura, des blocs calcaires d'un moindre volume, sujets à se briser et à se cliver en fragments de plus en plus petits sous l'influence soit des agents atmosphériques, soit des chocs qu'ils éprouvaient dans leurs chutes et leurs déplacements. Les glaciers jurassiens n'étaient pas d'ailleurs, comme ceux des Alpes, dominés par de hautes montagnes; souvent les saillies de terrain qui les limitaient s'élevaient à peine au-dessus d'eux ; le phénomène des avalanches ne devait s'y manifester que dans des proportions très réduites.

Parmi les moraines qui témoignent de l'existence des anciens glaciers exclusivement jurassiens, nous citerons, dans les hautes vallées du Jura, celle de Chézery, située vers la partie inférieure du glacier de la Valserine; dans le Jura central, celle d'Ecquevillon, près de Champagnole ; au pied du Jura occidental, les dépôts morainiques que l'on observe, entre Arbois et Baume-les-Messieurs, à l'issue des vallées.

Dépôts diluviens anté-et post-glaciaires ; alluvions anciennes ; passage de la période quaternaire à l'époque actuelle. — De même qu'un glacier, lorsqu'il s'avance, est précédé par son alluvion glaciaire et, lorsqu'il se retire, est suivi par elle, de même aussi, les grands glaciers de la période glaciaire ont été précédés dans leur phase de progression et suivis dans leur phase de retrait, par des formations de transport dont l'ensemble constitue un diluvium et se divise en diluvium anté-glaciaire et diluvium post-glaciaire.

Le diluvium anté-glaciaire se distingue du diluvium post-glaciaire par le volume ordinairement plus considérable des débris dont il se compose et par leur nature minéralogique. Ils sont plus volumineux parce que les courants qui les ont charriés étaient plus puissants ; la plupart d'entre eux sont de nature siliceuse ou silicatée parce que, pendant le transport commun des débris siliceux et calcaires, ceux-ci s'usaient rapidement au contact des autres et ne pouvaient supporter un long voyage sans être usés et détruits.

Les dépôts diluviens anté-glaciaires se distinguent encore par leur plus grande importance due aux deux causes suivantes. Le glacier auquel chacun d'eux se rattachait, dans son mouvement de progression, poussait toujours devant lui les débris qui le précédaient comme une avant-garde et tendait à les accumuler sur les points marquant le terme de son extension. Il est d'ailleurs probable que la période glaciaire a été précédée d'une période nivéale pendant laquelle les chutes de neige étaient abondantes, tandis que le refroidissement du climat était encore insuffisant pour que la transformation de la neige en glace des glaciers pût s'opérer rapidement.

Le glacier du Rhône a pénétré dans le massif jurassien,

mais celui-ci a barré le passage au courant diluvien qui le précédait en l'obligeant à se diviser en deux branches dont l'une s'est dirigée vers les environs de Lyon et l'autre vers le Sundgau ; ces courants ont ainsi donné naissance, d'une part au puissant dépôt constitué par le conglomérat bressan qui occupe la plaine dauphinoise et bressane, et, d'autre part, au diluvium à quarzites du Sundgau.

Le glacier de la Savoureuse, dans les Vosges, a été précédé par un courant diluvien qui a parcouru la vallée du Doubs ; après avoir laissé çà et là des amas de cailloux d'origine vosgienne, il est allé former le dépôt de quarzites de la forêt de Chaux, dépôt peu épais mais très étendu.

Dans l'intérieur du Jura, le diluvium anté-glaciaire est constitué par de puissants amas de cailloux roulés, amas dont le caractère essentiel est d'être totalement dépourvus de débris alpins. Ces amas s'observent dans les principales vallées et surtout dans celle de l'Ain. Mais, sur un grand nombre de points, ils ont été démantelés à l'époque du plus grand froid pendant laquelle, sous l'influence de diverses circonstances, s'est effectué le phénomène désigné sous le nom de « creusement général des vallées. »

Le diluvium post-glaciaire se distingue du diluvium anté-glaciaire par plusieurs caractères. Ordinairement il est placé en contre-bas par rapport à lui ; les cailloux dont il se compose sont moins volumineux et en totalité calcaires ; pourtant à ces cailloux se mêlent quelquefois, dans des proportions très variables, des matériaux qui résultent du remaniement du diluvium anté-glaciaire et qui sont d'origine alpine dans l'intérieur du Jura et d'origine vosgienne dans la vallée du Doubs.

Au diluvium post-glaciaire appartiennent les alluvions anciennes qui, sur le pourtour du Jura, renferment les ossements d'*Elephas primigenius*, ainsi que les amas de terrain à chailles remaniées, tels que celui de l'ancienne tourbière de Saône, près de Besançon.

Les derniers courants diluviens ont marqué la fin de la période quaternaire et le commencement de l'époque actuelle ; dès lors, les choses ont pris dans le Jura l'allure qu'elles présentent aujourd'hui. Sur le sol dénudé par les glaciers et les courants diluviens, la terre végétale s'est rapidement reconstituée ; la végétation a repris possession de son domaine en se disposant par zones successives qui ont suivi les neiges perpétuelles dans leur mouvement de retrait vers les hauts sommets du Jura, mouvement suivi de leur disparition définitive.

Le Jura n'a plus de glaciers et ses sommets les plus élevés ne pénètrent plus dans la région des neiges persistantes. Pourtant on sait que, grâce à la configuration du sol, la neige se maintient jusqu'à la fin de l'été, au fond du Creux-du-Vent et au sommet du Crêt de la Neige, point culminant du Jura. Il y a quelques années, dans le courant du mois d'août, nous avons vu, sur le flanc septentrional du Colombier de Gex, un petit amas de neige déjà transformée en névé et qui par sa fusion alimentait un filet d'eau. La neige avait été conservée grâce à la sécheresse de la saison, mais elle a dû disparaître lorsque les pluies de septembre sont survenues. En regardant ce glacier en miniature, nous ne pouvions nous empêcher de le considérer comme un dernier reste de la vaste nappe qui avait recouvert tout le Jura et les régions voisines. Nous nous disions aussi qu'un bien faible abaissement dans la température suffirait pour le faire persister pendant plusieurs années et ramener, d'une manière permanente, les glaciers dans le Jura.

BESANÇON. — IMPRIMERIE DODIVERS, GRANDE-RUE, 87.